여군 부사관

지적능력평가

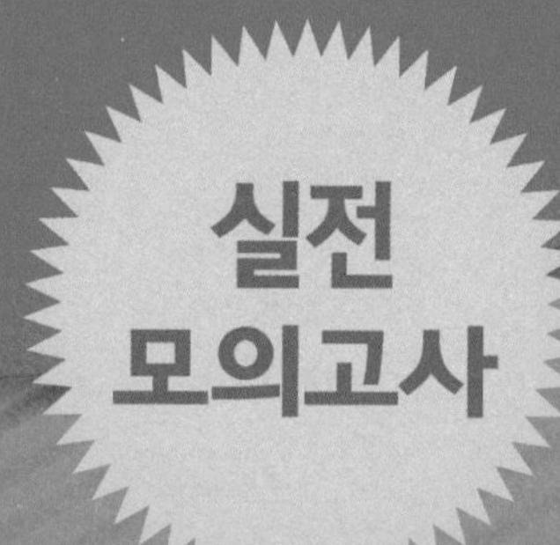

www.goseowon.co.kr

PREFACE

군의 중추역할을 하는 부사관은 스스로 명예심을 추구하여 빛남으로 자긍심을 갖게 되고, 사회적인 인간으로서 지켜야 할 도리를 자각하면서 행동할 수 있어야 하며, 개인보다는 상대를 배려할 줄 아는 공동체 의식을 견지하며 매사 올바른 사고와 판단으로 건설적인 제안을 함으로서 내가 속한 부대와 군에 기여하는 전문성을 겸비한 인재들이다.
부사관은 소정의 시험(필기평가 및 인성검사, 신체검사, 체력검정, 면접평가)에 합격하면 부사관 임관교육을 마치고 하사로 임관 시 국가공무원으로 신분이 상승되고 장기복무를 지원하여 선발되면 안정된 평생직장을 보장받게 된다. 또한 개인의 전공, 자격에 따라 전투, 기술, 행정, 등 다양한 분야에서 전문화된 업무수행을 할 수 있으며, 일정자격 요건을 갖출 경우 장교, 준사관으로의 진출기회를 부여받게 된다.

본서는 민간부사관 여군을 목표로 입대를 준비하는 수험생을 대상으로 필기평가 준비를 돕기 위하여 개발된 맞춤형 교재로 공간능력, 지각속도, 언어논리, 자료해석의 내용으로 구성된 지적능력평가 실전 모의고사 3회분을 분석하여 수록하였다. 또한 인성검사에 대한 개요와 실전 인성검사를 수록하여 단 한권으로 확실한 마무리가 되도록 하였다.

본서를 통하여 합격의 기쁨과 엘리트 부사관으로서의 꿈을 펼치기를 기원한다.

STRUCTURE

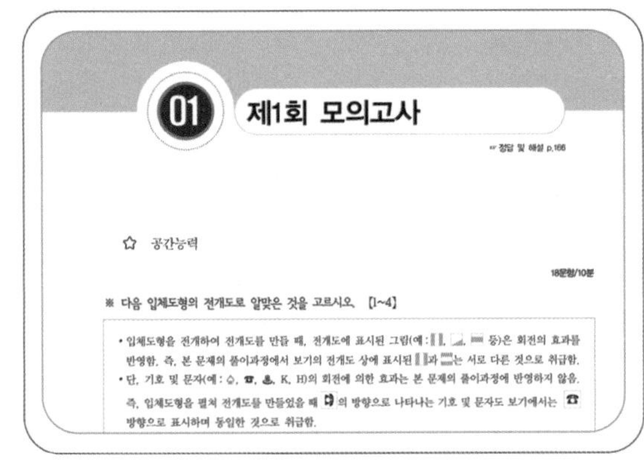
01 제1회 모의고사

정답 및 해설 p.166

☆ 공간능력

18문항/10분

※ 다음 입체도형의 전개도로 알맞은 것을 고르시오. 【1~4】

• 입체도형을 전개하여 전개도를 만들 때, 전개도에 표시된 그림(예 : ▯, ◺, ▭ 등)은 회전의 효과를 반영함. 즉, 본 문제의 풀이과정에서 보기의 전개도 상에 표시된 ▯과 ▭는 서로 다른 것으로 취급함.
• 단, 기호 및 문자(예 : ♤, ☎, ♨, K, H)의 회전에 의한 효과는 본 문제의 풀이과정에 반영하지 않음. 즉, 입체도형을 펼쳐 전개도를 만들었을 때 ☎의 방향으로 나타나는 기호 및 문자도 보기에서는 ☎ 방향으로 표시하며 동일한 것으로 취급함.

실전 모의고사

공간능력, 지각속도, 언어논리, 자료해석으로 구성된 지적능력평가에 대한 모의고사 3회를 실제 문항수와 최근 유형에 맞게 수록하여, 각 영역별로 어떠한 문제들이 출제되는지를 살펴보고 충분한 문제를 풀어볼 수 있도록 하였습니다.

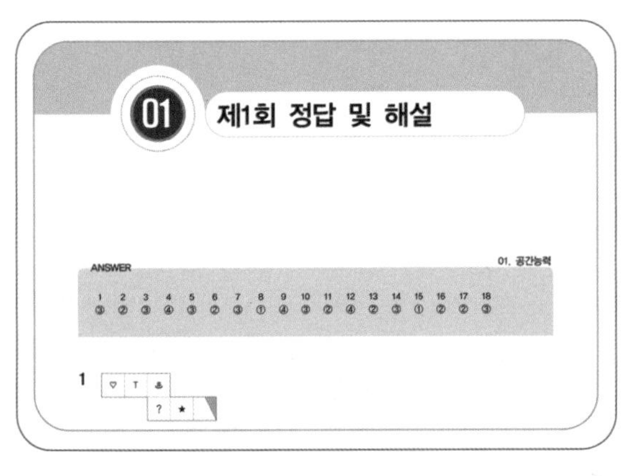
01 제1회 정답 및 해설

ANSWER 01. 공간능력

1	2	3	4	5	6	7	8	9	10	11	12	13	14	15	16	17	18
③	②	③	④	③	②	③	①	④	③	②	④	②	③	①	②	②	③

1

정답 및 해설

각 과목별 모의고사에 대한 상세하고 꼼꼼한 해설을 수록하여 매 문제마다 내용정리 및 개인학습이 가능하도록 구성하였습니다.

인성검사의 개요

1. 인성(성격)검사의 개념과 목적

인성(성격)이란 개인을 특징짓는 평범하고 일상적인 사회적 이미지, 즉 지속적이고 일관된 공적 성격(Public-personality)이며, 환경에 대응함으로써 선천적·후천적 요소의 상호작용으로 결정화된 심리적·사회적 특성 및 경향을 의미한다.
인성검사는 직무적성검사를 실시하는 대부분의 기관에서 병행하여 실시하고 있으며, 인성검사만 독자적으로 실시하는 기관도 있다.
군에서는 인성검사를 통하여 각 개인이 어떠한 성격 특성이 발달되어 있고, 어떤 특성이 얼마나 부족한지, 그것이 해당 직무의 특성 및 조직문화와 얼마나 맞는지를 알아보고 이에 적합한 인재를 선발하고자 한다.

인성검사

응시자의 인성을 파악하기 위해 실시하는 인성검사의 개요와 실전 인성검사를 수록하여 부사관 시험의 마지막까지 책임집니다.

CONTENTS

PART I 실전 모의고사

제1회 모의고사 ···· 10
제2회 모의고사 ···· 64
제3회 모의고사 ···· 114

PART II 정답 및 해설

제1회 정답 및 해설 ···· 166
제2회 정답 및 해설 ···· 179
제3회 정답 및 해설 ···· 192

PART III 인성검사

01. 인성검사의 개요 ···· 208
02. 실전 인성검사 ···· 226

▶ 지원자격

1. 학력

① 고등학교 졸업예정자 및 졸업한 사람, 이와 같은 수준 이상의 학력이 있다고 교육부장관이 인정하는 사람(검정고시 합격자 포함)

② 중학교 졸업자는 국가기술자격증 취득자에 한하여 지원 가능

2. 연령

① 임관일 기준 만 18세 이상부터 만 27세 이하인 사람

② 예비역은 제대군인지원에 관한 법률 시행령 제19조(응시연령 상한 연장)에 의거 군 복부기간에 합산하여 1년 이상 3년 이하까지 연령의 연장 적용

③ 현역에 복무중인 사람이 지원 시 응시연령 상한 연장은 제대군인에 관한 법률 제16조 제2항(채용 시 우대 등)에 의거 전역예정일 전 6개월 이내에 응시한 경우에 한하여 적용

④ 육군에 복무중인 사람은 육군부사관학교 입영일 이전에 전역 가능한 사람

3. 신체조건

① 신장 … 152cm 이상 ~ 183cm 이하

② 시력 … 교정시력 양안 모두 0.6 이상

③ 질병 · 심신장애 신체등위 3급 이상, BMI 등위 2급 이상

※ BMI 등위 3급도 지원가능하나 선발위원회에서 합 · 불 여부 판정

4. 임관결격사유

① 군인사법 제10조(결격사유 등)에 해당하는 사람

㉠ 부사관은 사상이 건전하고 품행이 단정하며 체력이 강건한 사람 중에서 임용한다.

㉡ 다음 각 호의 어느 하나에 해당하는 사람은 부사관으로 임용될 수 없다.

- 대한민국의 국적을 가지지 아니한 사람
- 대한민국 국적과 외국 국적을 함께 가지고 있는 사람
- 피성년후견인 또는 피한정후견인
- 파산선고를 받은 사람으로서 복권되지 아니한 사람
- 금고 이상의 형을 선고받고 그 집행이 종료되었거나 집행을 받지 아니하기로 확정된 후 5년이 지나지 아니한 사람
- 금고 이상의 형의 집행유예를 선고받고 그 유예기간 중에 있거나 유예기간이 종료된 날로부터 2년이 지나지 아니한 사람
- 자격정지 이상의 형의 선고유예를 받고 그 유예기간 중에 있는 사람
- 「성폭력범죄의 처벌 등에 관한 특례법」에 따른 성폭력 범죄로 300만 원 이상의 벌금형을 선고받고 그 형이 확정된 후 2년이 지나지 아니한 사람
- 탄핵이나 징계에 의하여 파면되거나 해임 처분을 받은 날로부터 5년이 지나지 아니한 사람
- 법류에 따라 자격이 정지 또는 상실된 사람

㉢ 2019년 4월 17일 이후 발생된 성범죄 100만 원 이상의 벌금을 선고받은 자는 3년간 공무원 임용불가

② 지원은 가능하나, 임관일 기준 위 항목에 해당자는 임관불가

▶ 선발평가

1. 1차 평가

① 필기평가

㉠ 평가대상 : 기한 내 인터넷 지원 및 지원서류를 제출한 지원자

㉡ 평가내용 : 펼기평가, 인성검사(필기), 직무수행능력평가

㉢ 평가시간 및 과목

구분	1교시 (09 : 00 ~ 10 : 20 / 80분)	2교시 (10 : 40 ~ 12 : 00 / 80분)	3교시 (12: 20 ~ 13 : 10 / 50분)
평가 과목	지적능력평가 ① 공간능력 ② 지각속도 ③ 언어논리 ④ 자료해석 ※ 공간지각, 상황판단 : 예시문제 풀이 후 평가	① 상황판단 검사 ② 국사 ③ 직무성격 검사	인성검사

㉣ 과목별 문항 수

구분	계	지적능력				상황판단 / 국사 / 직무성격			인성 검사
		공간 능력	지각 속도	언어 논리	자료 해석	상황판단 검사	국사	직무성격 검사	
문항	646	18	30	25	20	15	20	180	338

② 직무수행능력평가

㉠ 평가방법 : 제출한 서류에 의한 평가

㉡ 평가배점

구분	비전문성 병과 특기	전문성 병과 특기
배점	30점	40점

2. 2차 평가

① 평가대상 … 1차 평가 합격자

② 평가내용 … 신체검사, 체력평가 및 면접평가, 인성검사 및 신원조회 결과

③ 신체검사

④ 체력평가 및 면접평가

⑤ 신원조사

3. 최종 선발심의

① 평가대상 … 2차 응시자 중 신체검사 및 체력검정 불합격 제외

② 심의방법 … 1, 2차 평가결과와 신원조사결과를 종합하여 심의

③ 심의일정 … 심의위원회 "병"반을 구성하여 일정에 실시

4. 합격자 발표

① 불합격 사유에 대해서는 공개하지 않음

② 모바일이 아닌 인터넷으로 확인(모바일 오류 가능성 내재)

Part. I

실전 모의고사

제1회 모의고사
제2회 모의고사
제3회 모의고사

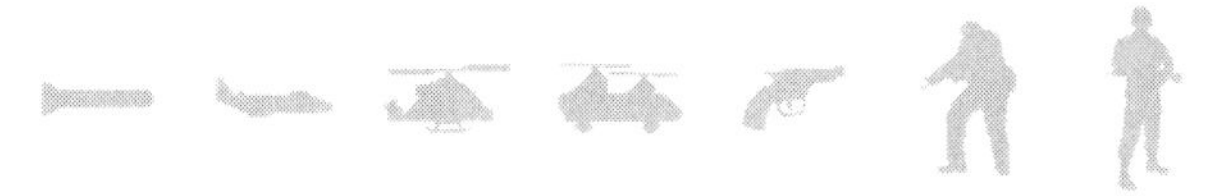

제1회 모의고사

☞ 정답 및 해설 p.166

☆ 공간능력

18문항/10분

※ 다음 입체도형의 전개도로 알맞은 것을 고르시오. 【1~4】

- 입체도형을 전개하여 전개도를 만들 때, 전개도에 표시된 그림(예 : , , 등)은 회전의 효과를 반영함. 즉, 본 문제의 풀이과정에서 보기의 전개도 상에 표시된 과 는 서로 다른 것으로 취급함.
- 단, 기호 및 문자(예 : ♤, ☎, ♨, K, H)의 회전에 의한 효과는 본 문제의 풀이과정에 반영하지 않음. 즉, 입체도형을 펼쳐 전개도를 만들었을 때 의 방향으로 나타나는 기호 및 문자도 보기에서는 ☎ 방향으로 표시하며 동일한 것으로 취급함.

1

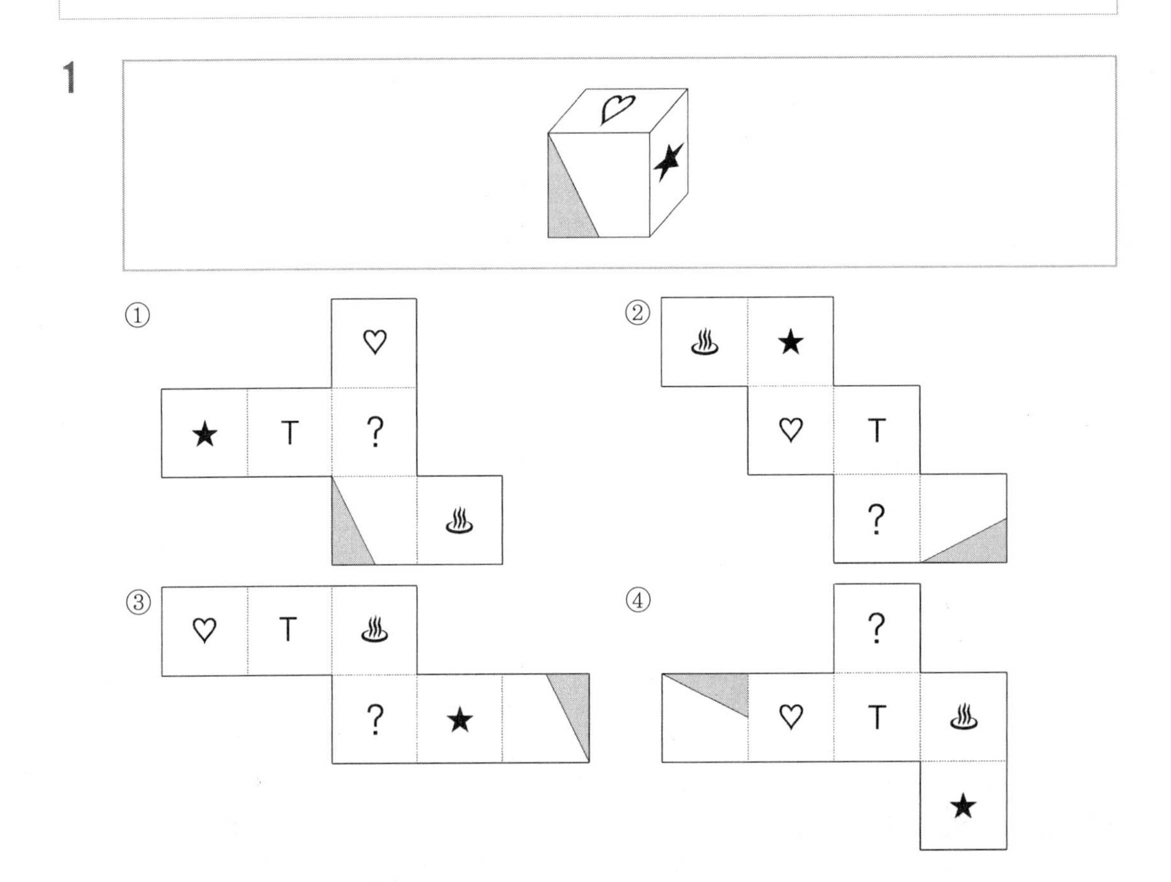

2

①

♩	T	♧
		A	!

②

A

♧	T	!	♩

③

T

A	♩	♧

!

④

♧

!	♩	A

T

3

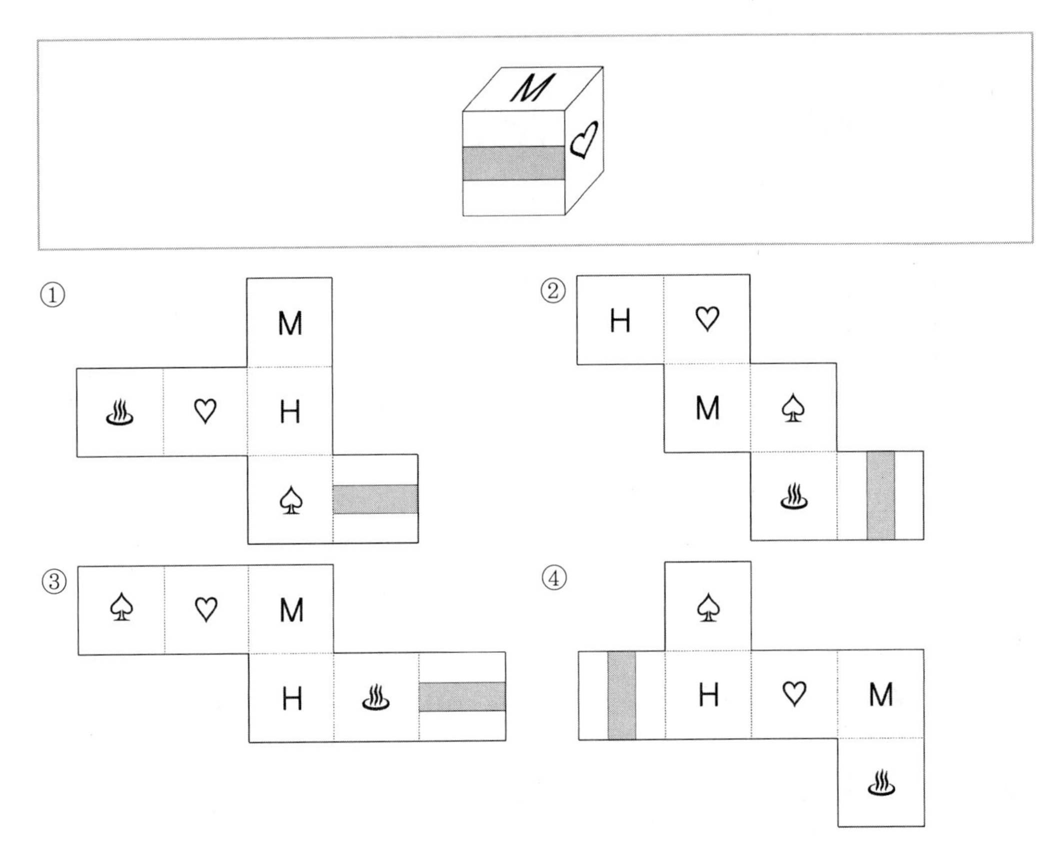

4

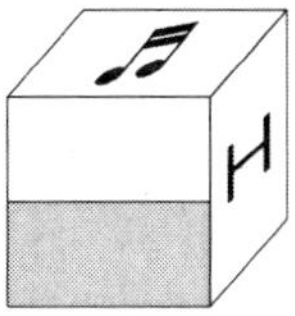

①

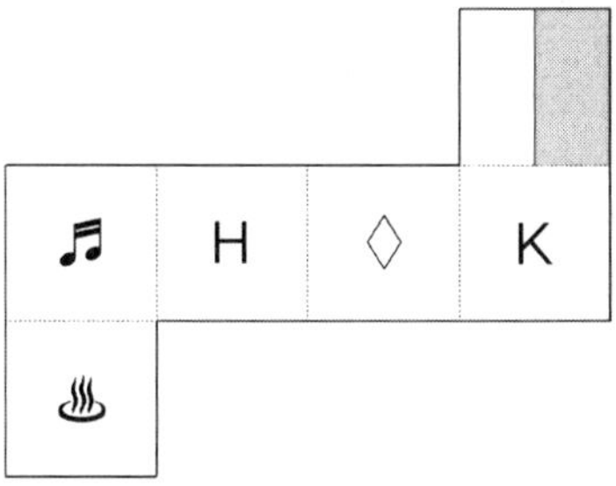

②

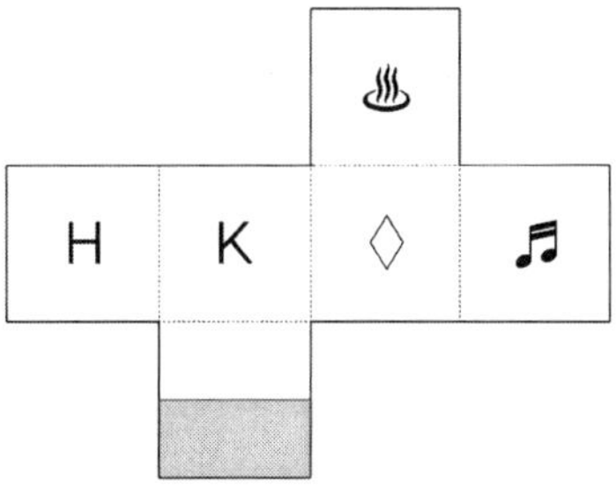

③

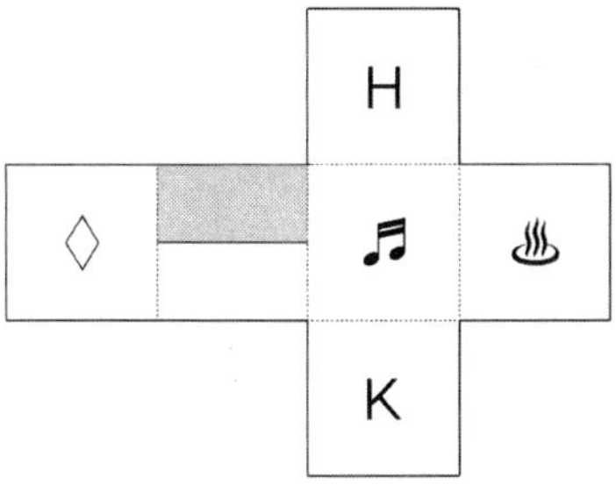

④

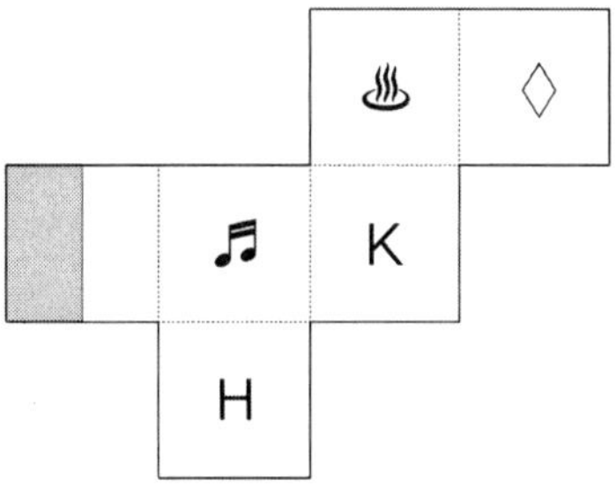

※ 다음 전개도로 만든 입체도형에 해당하는 것을 고르시오. 【5~9】

- 전개도를 접을 때 전개도 상의 그림, 기호, 문자가 입체도형의 겉면에 표시되는 방향으로 접음
- 전개도를 접어 입체도형을 만들 때, 전개도에 표시된 그림(예 : ▯, ◿, ▯ 등)은 회전의 효과를 반영함. 즉, 본 문제의 풀이과정에서 보기의 전개도 상에 표시된 ▯과 ▭는 서로 다른 것으로 취급함.
- 단, 기호 및 문자(예 : ♤, ☎, ♨, K, H)의 회전에 의한 효과는 본 문제의 풀이과정에 반영하지 않음. 즉, 전개도를 접어 입체도형을 만들었을 때 ☏의 방향으로 나타나는 기호 및 문자도 보기에서는 ☎방향으로 표시하며 동일한 것으로 취급함.

5

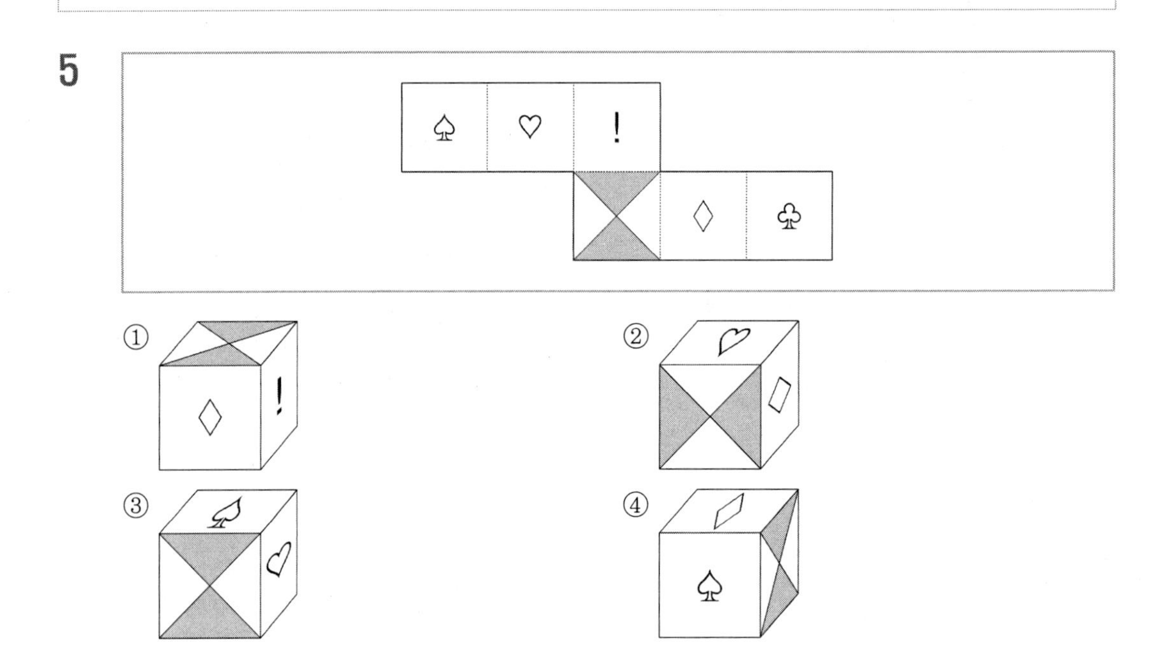

6

T
K H V
R

① ② ③ ④

7

♤
♡ $ ◇ ♧

① ② ③ ④

8

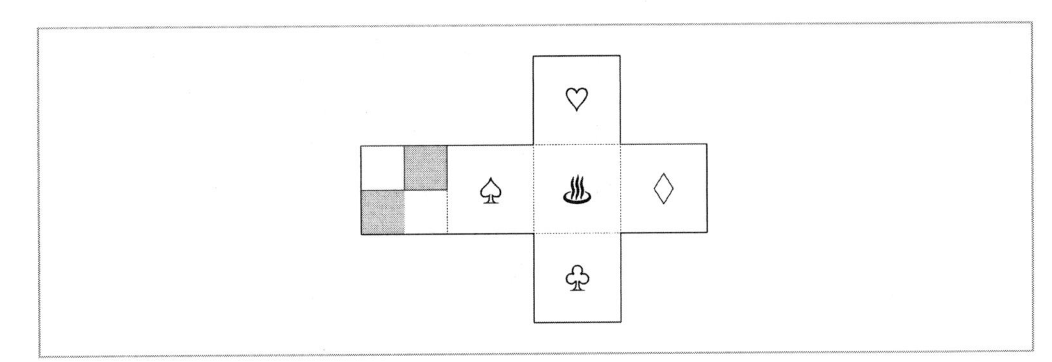

① 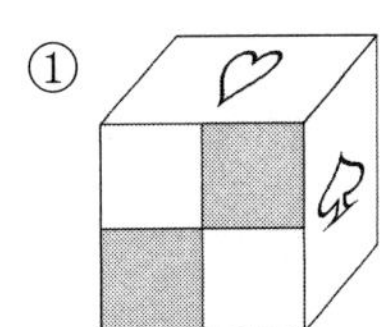

② 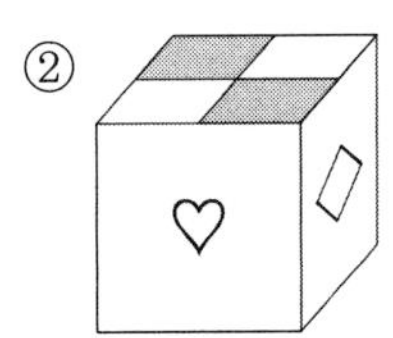

③ 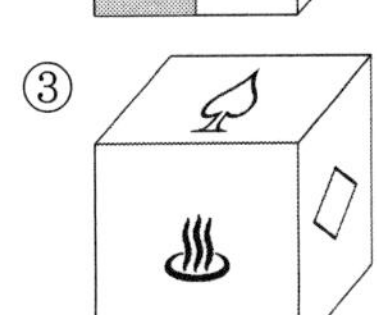

④ 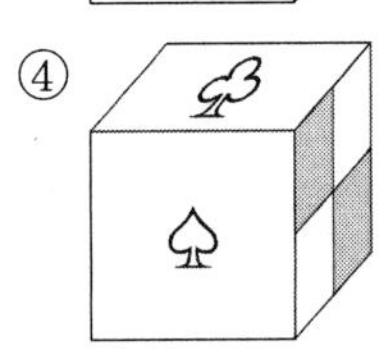

9

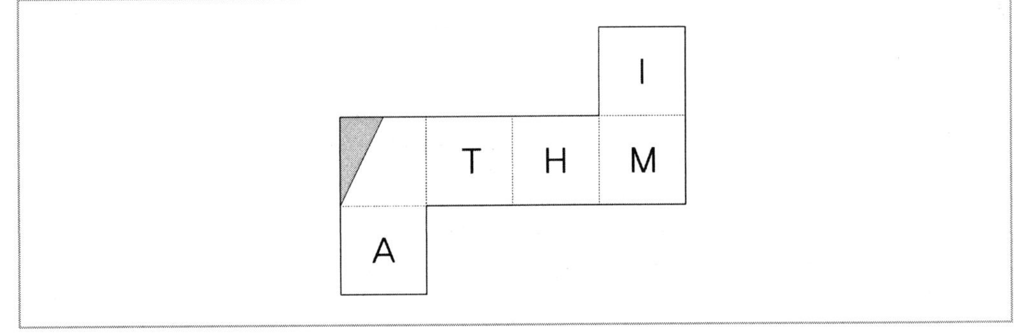

① 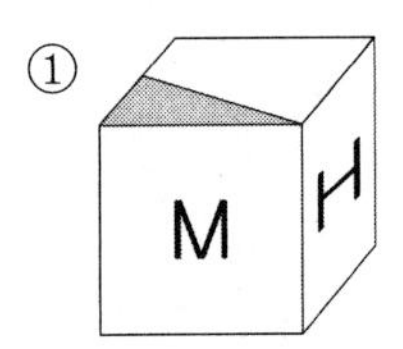

② 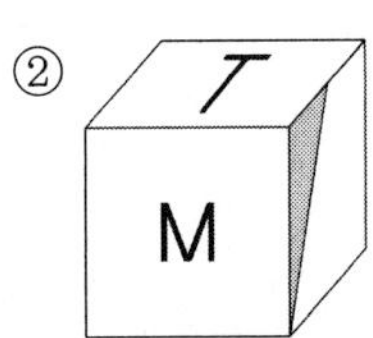

③ 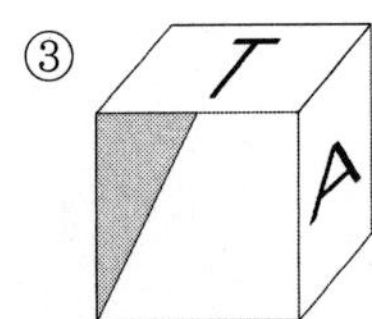

④ 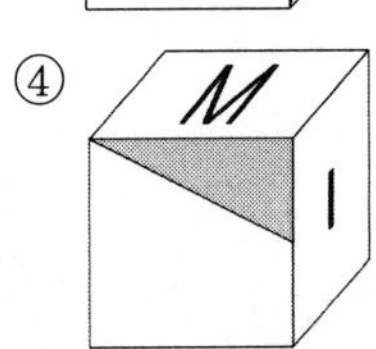

※ 다음 아래에 제시된 그림과 같이 쌓기 위해 필요한 블록의 수를 고르시오. 【10~14】 (단, 블록은 모양과 크기는 모두 동일한 정육면체이다)

10

① 13　　② 15

③ 17　　④ 19

11

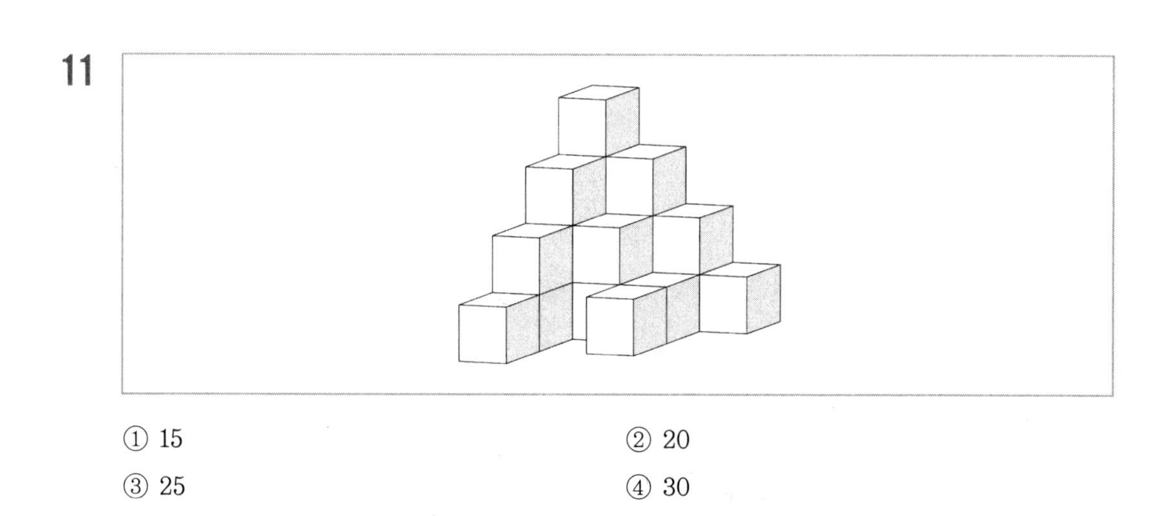

① 15　　② 20

③ 25　　④ 30

12

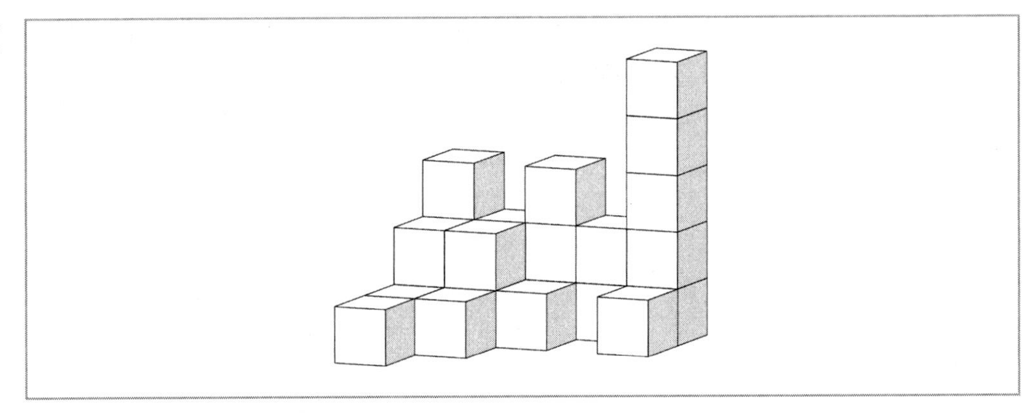

① 14 ② 16

③ 20 ④ 24

13

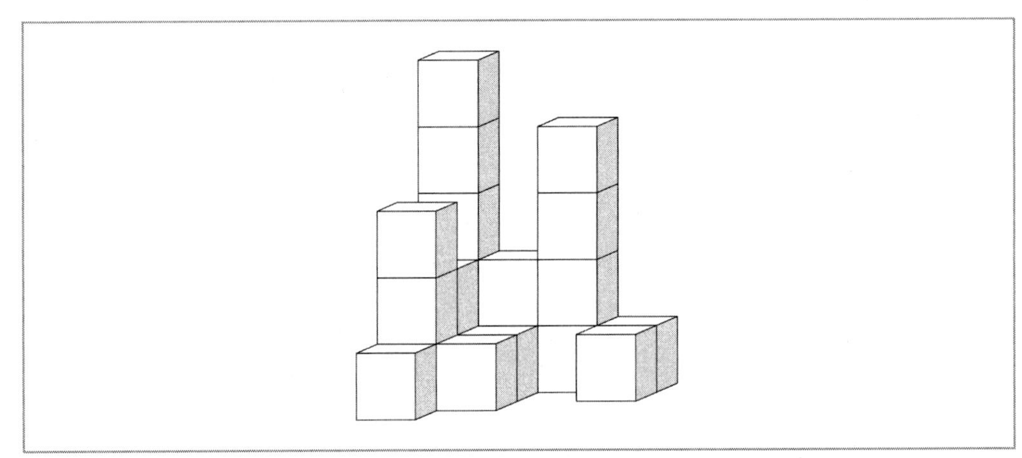

① 17 ② 21

③ 24 ④ 27

14

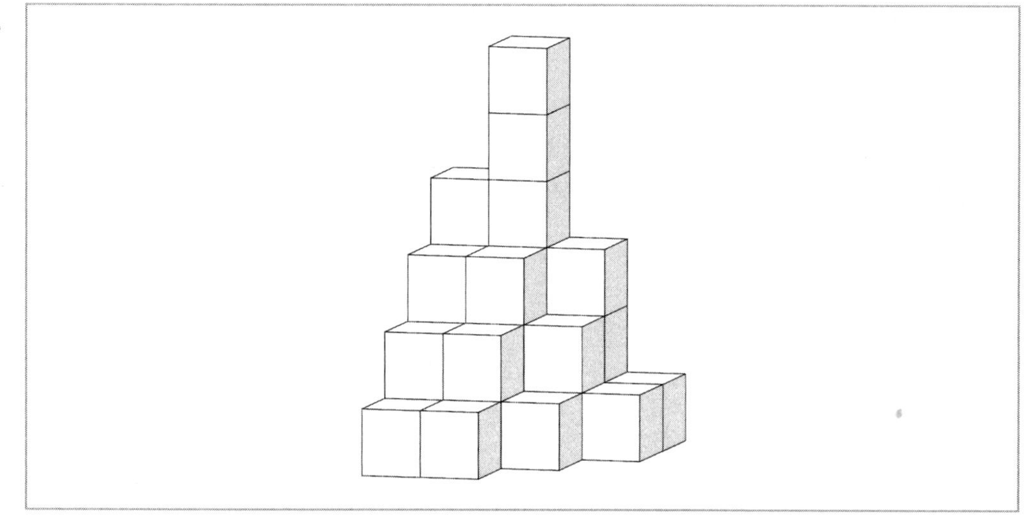

① 20　　② 25

③ 30　　④ 35

※ 아래에 제시된 블록들을 화살표 표시한 방향에서 바라봤을 때의 모양으로 알맞은 것을 고르시오. 【15~18】

- 블록은 모양과 크기는 모두 동일한 정육면체임
- 바라보는 시선의 방향은 블록의 면과 수직을 이루며 원근에 의해 블록이 작게 보이는 효과는 고려하지 않음

15

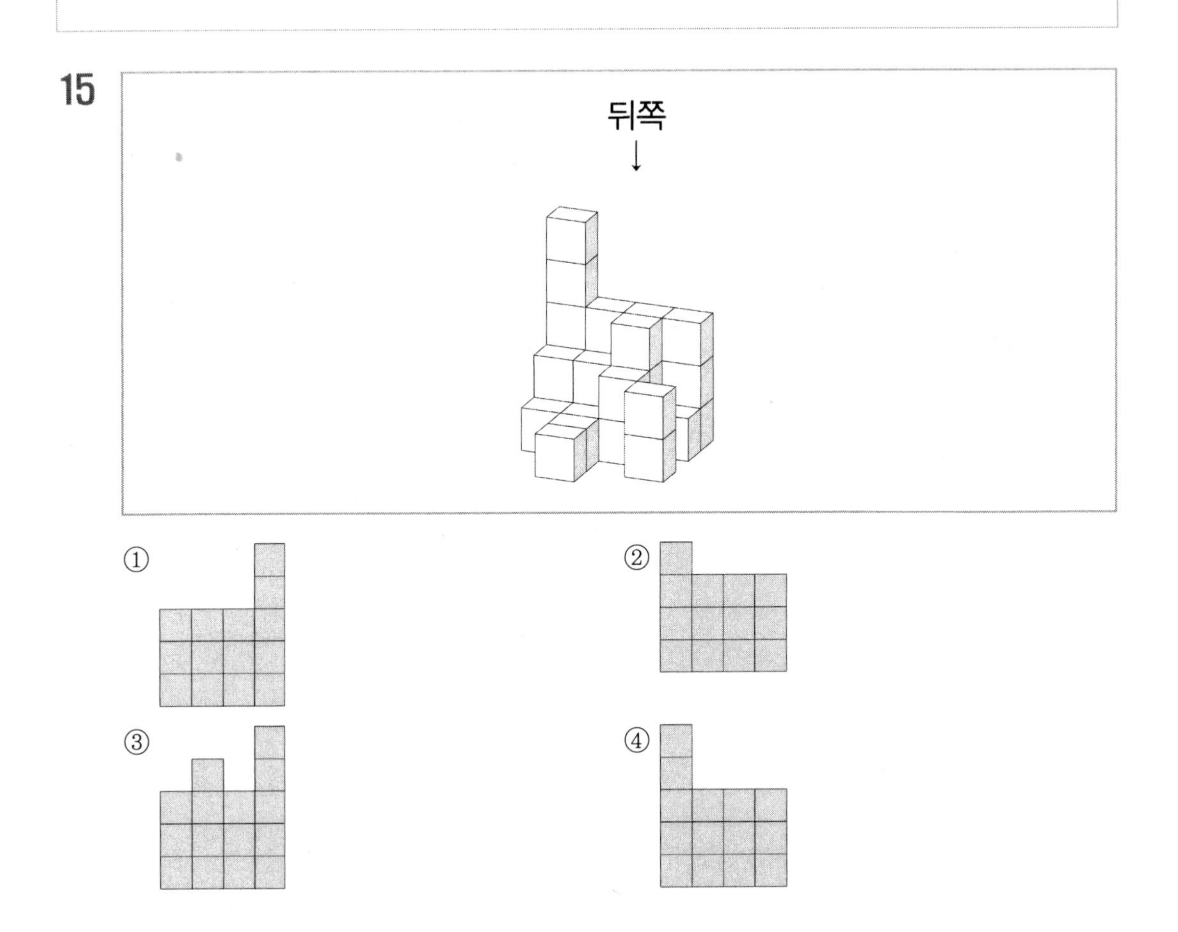

16

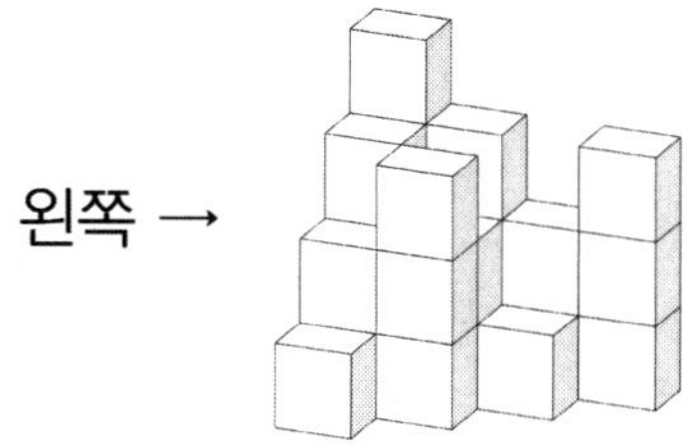

왼쪽 →

①

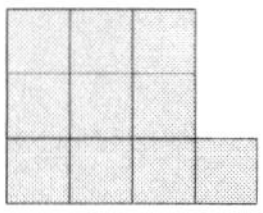

②

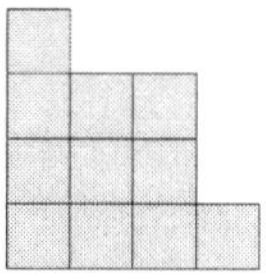

③

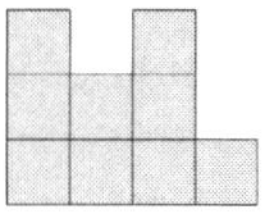

④

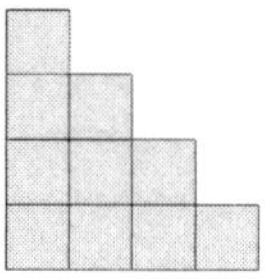

17

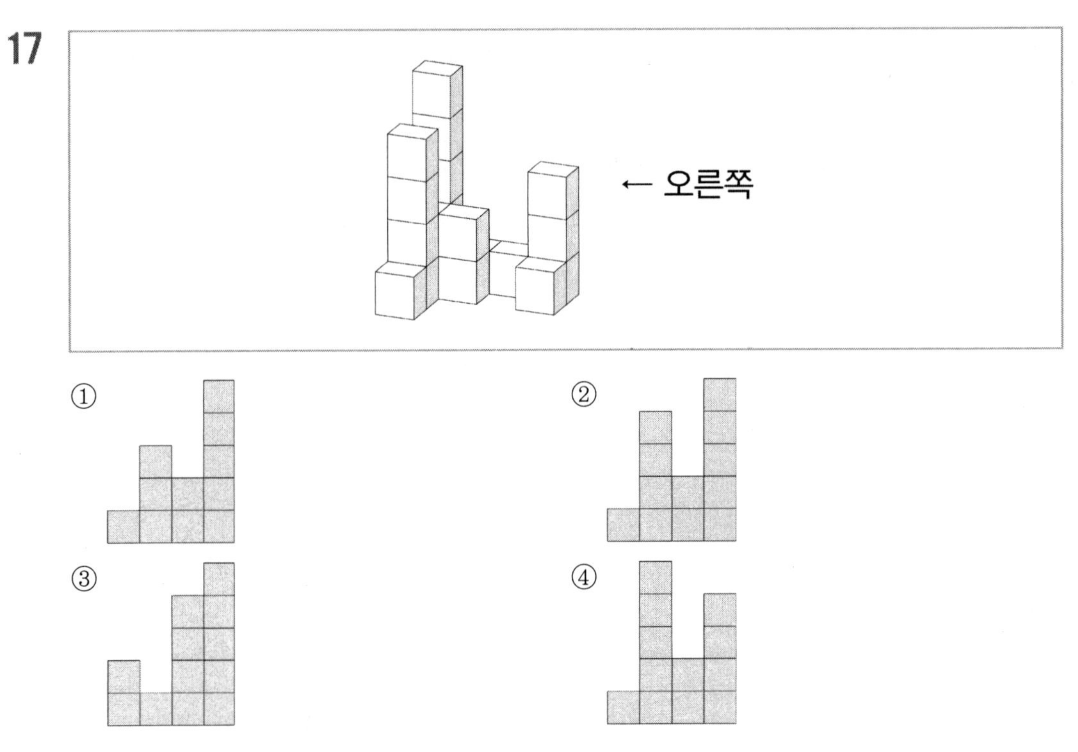

18

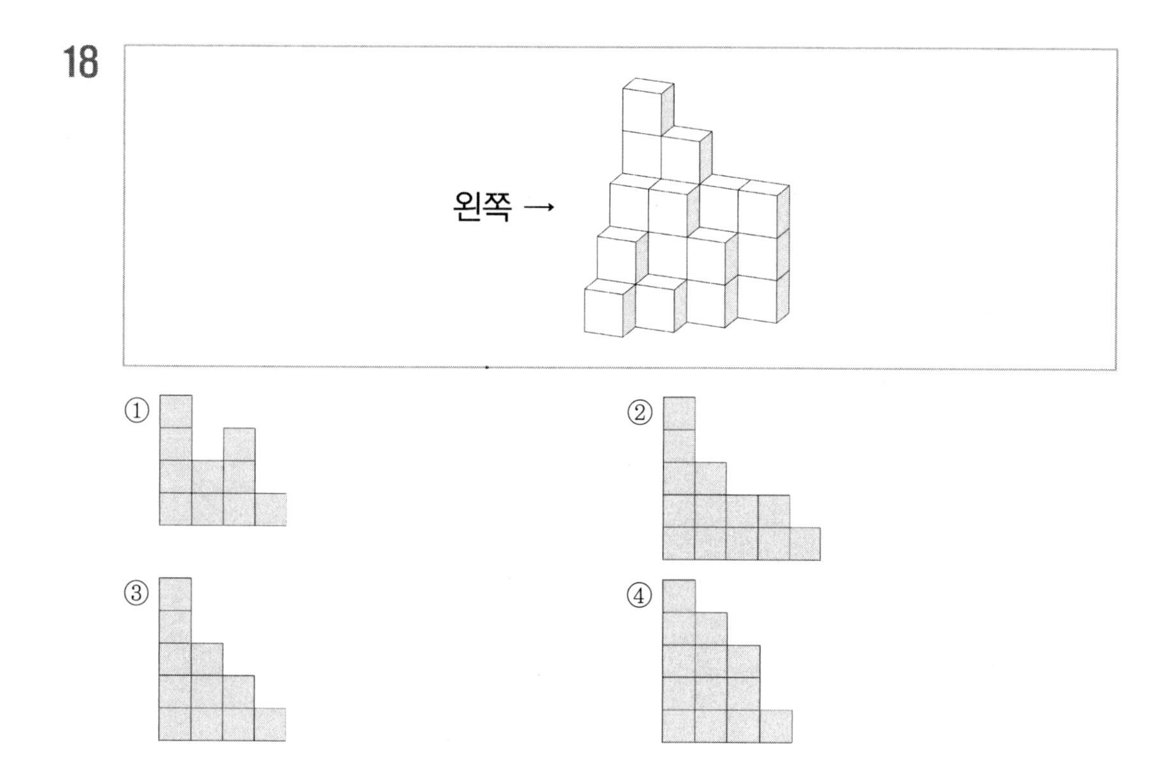

☆ 지각속도

30문항/3분

※ 아래 〈보기〉의 왼쪽과 오른쪽 기호의 대응을 참고하여 각 문제의 대응이 같으면 답안지에 '① 맞음'을, 틀리면 '② 틀림'을 선택하시오. 【1~5】

〈보기〉

a = 리	c = 나	e = 민	g = 대
i = 붉	k = 마	m = 우	o = 국

1

나 마 우 대 국 － c k m g o

① 맞음　　② 틀림

2

리 붉 민 국 대 － a i e c g

① 맞음　　② 틀림

3

마 민 대 나 우 － k e g o m

① 맞음　　② 틀림

4

붉 민 국 리 마 - i e o a k

① 맞음 ② 틀림

5

민 대 마 리 나 - e g i a c

① 맞음 ② 틀림

※ 각 문제의 왼쪽에 표시된 굵은 글씨체의 기호, 문자, 숫자의 개수를 모두 세어 오른쪽 개수에서 찾으시오. 【6~10】

6

5	1567846815469872115751430

① 2개 ② 3개
③ 4개 ④ 5개

7

ㄱ	고구려 신라 백제의 옛 영토를 찾아서

① 3개 ② 5개
③ 7개 ④ 9개

8

i	IThank you for the invitation

① 2개　② 3개
③ 4개　④ 5개

9

甲	丙申甲子壬癸申己乙未甲午戌亥申

① 1개　② 2개
③ 3개　④ 4개

10

※	§ ★☆◎₡￥※≥≪△∈×∀※∨

① 2개　② 3개
③ 4개　④ 5개

※ 다음 〈보기〉에 주어진 문자와 숫자의 대응 참고하여 각 문제의 대응이 같으면 답안지에 '① 맞음'을, 틀리면 '② 틀림'을 선택하시오. 【11~15】

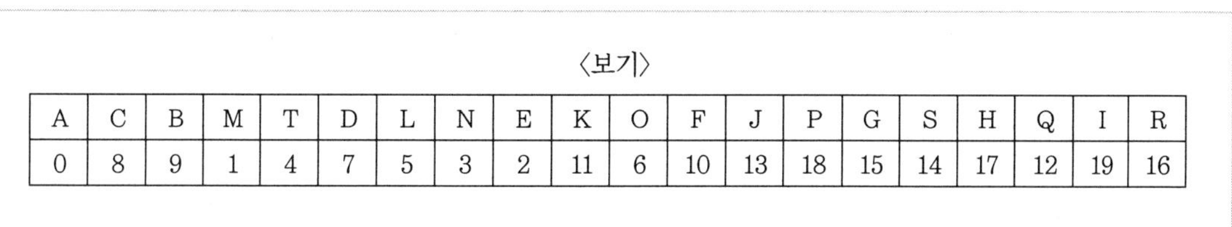

〈보기〉

A	C	B	M	T	D	L	N	E	K	O	F	J	P	G	S	H	Q	I	R
0	8	9	1	4	7	5	3	2	11	6	10	13	18	15	14	17	12	19	16

11

B R O A D － 9 16 6 0 7

① 맞음　　② 틀림

12

P O I N T － 18 6 19 3 4

① 맞음　　② 틀림

13

T E A C H E R － 4 2 0 8 16 2 16

① 맞음　　② 틀림

14

A D M I R E R – 0 7 1 19 16 3 16

① 맞음 ② 틀림

15

L O O K I N G – 5 6 6 11 19 3 15

① 맞음 ② 틀림

※ 다음 〈보기〉에 주어진 문자와 숫자의 대응 참고하여 각 문제의 대응이 같으면 답안지에 '① 맞음'을, 틀리면 '② 틀림'을 선택하시오. 【16~20】

〈보기〉

ㄱ	ㅍ	ㅎ	ㅌ	ㅏ	ㅓ	ㅋ	ㄴ	ㅗ	ㅊ	ㄷ	ㅈ	ㅡ	ㄹ	ㅇ	ㅜ	ㅁ	ㅅ	ㅣ	ㅂ
5	20	12	13	4	6	14	7	19	8	18	15	3	9	10	16	17	2	11	1

16

ㄱ ㅏ ㅈ ㅗ ㄱ – 5 4 15 19 5

① 맞음 ② 틀림

17

ㅅ ㅣ ㄴ ㅂ ㅏ ㄹ – 2 11 7 1 6 9

① 맞음 ② 틀림

18

ㅇ ㅑ ㅍ ㅡ ㄹ ㅣ ㅋ ㅏ – 10 4 20 3 9 1 14 4

① 맞음 ② 틀림

19

ㅎ ㅗ ㄹ ㅜ ㄹ ㅏ ㄱ ㅣ – 12 19 9 16 9 4 5 11

① 맞음 ② 틀림

20

ㄱ ㅣ ㅊ ㅏ ㅇ ㅑ ㄴ – 5 11 18 4 10 4 7

① 맞음 ② 틀림

※ 아래 〈보기〉의 왼쪽과 오른쪽 기호의 대응을 참고하여 각 문제의 대응이 같으면 답안지에 '① 맞음'을, 틀리면 '② 틀림'을 선택하시오. 【21~25】

〈보기〉

ㄱ = ★	ㄴ = ○	ㄷ = ◇	ㄹ = §	ㅁ = ■
ㅊ = ◆	ㅈ = ◎	ㅇ = ☆	ㅅ = ▲	ㅂ = △

21

ㅊ ㄱ ㅇ ㅅ ㅁ – ◆ ★ ☆ △ ■

① 맞음 ② 틀림

22

ㄴ ㅅ ㅂ ㅈ ㄹ － ○ ▲ △ ◎ §

① 맞음　　② 틀림

23

ㅅ ㄹ ㄷ ㅁ ㅈ ㄱ － ▲ § ◇ ■ ◎ ★

① 맞음　　② 틀림

24

ㄴ ㄱ ㅇ ㅅ ㅈ ㄱ － ○ ★ ☆ △ ◎ ★

① 맞음　　② 틀림

25

ㅇ ㄹ ㄱ ㅊ ㅈ ㄷ ㄴ － ☆ § ★ ◆ ◎ ◇ ○

① 맞음　　② 틀림

※ 다음 〈보기〉에서 각 문제의 왼쪽에 표시된 굵은 글씨체의 기호, 문자, 숫자의 갯수를 모두 세어 오른쪽 개수에서 찾으시오. 【26~30】

26

ㄹ	하와이 호놀룰루 대한민국총영사관

① 1개　　② 2개
③ 3개　　④ 4개

27

3	579135491354219543548415763554

① 2개　② 4개
③ 6개　④ 8개

28

e	He wants to join the police force

① 2개　② 4개
③ 6개　④ 8개

29

R	ITS RESTAURANT IS RUN BY A TOP CHEF

① 1개　② 2개
③ 3개　④ 4개

30

(나)	(파)(하)(나)(라)(파)(하)(차)(사)(나)(가)(타)(파)(사)(바)(차)(자)(바)(라)(나)(마)

① 1개　② 2개
③ 3개　④ 4개

☆ 언어논리

25문항/20분

※ 다음 밑줄 친 ㉠ 부분과 같은 의미로 사용된 것을 고르시오. 【1~5】

1

> 시를 창작할 때는 시어를 잘 선택하여 사용하는 것이 중요합니다. 어떤 시어를 사용하느냐에 따라 시의 느낌이 달라지기 때문이죠. 시인이 시를 창작하는 과정에서 아래의 괄호 안에 있는 두 개의 시어 중 ㉠<u>하나</u>를 선택하는 상황이라고 가정해 봅시다. 시인이 밑줄 친 시어를 선택함으로써 얻을 수 있었던 효과가 무엇일지 한 명씩 발표해 보도록 합시다.

① 우리 모두 <u>하나</u>가 되어 이 나라를 지킵시다.
② <u>하나</u>는 소극적 자유요, <u>하나</u>는 적극적 자유이다.
③ 달랑 가방 <u>하나</u>만 들고 있었다.
④ 언제나처럼 그는 피곤했고, 무엇 <u>하나</u> 기대를 걸 만한 것도 없었다.
⑤ 너한테는 잘못이 <u>하나</u>도 없다.

2

> 세계기상기구(WMO)에서 발표한 자료에 ㉠<u>따르면</u> 지난 100년 간 지구 온도가 뚜렷하게 상승하고 있다고 한다. 그러나 지구가 점점 더워지고 있다는 말이다. 산업혁명 이후 석탄과 석유 등의 화석 연료를 지속적으로 사용한 결과로 다량의 온실가스가 대기로 배출되었기 때문에 지구온난화현상이 심화된 것이다. 비록 작은 것일지라도 실천할 수 있는 방법들을 찾아보아야 한다. 나는 이번 여름에는 꼭 수영을 배울 것이다. 자전거를 타거나 걸어 다니는 것을 실천해야겠다. 또, 과대 포장된 물건의 구입을 지향해야겠다.

① 식순에 <u>따라</u> 다음은 애국가 제창이 있겠습니다.
② 철수는 어머니를 <u>따라</u> 시장 구경을 갔다.
③ 수학에 있어서만은 반에서 그 누구도 그를 <u>따를</u> 수 없다.
④ 우리는 선생님이 보여 주는 동작을 그대로 <u>따라서</u> 했다.
⑤ 새 사업을 시작하는 데는 많은 어려움이 <u>따르게</u> 될 것이다.

3

> 1990년대 중반 이후부터 실험실의 김치 연구가 거듭되면서, 배추김치, 무김치, 오이김치들의 작은 시공간에서 펼쳐지는 미생물들의 '작지만 큰 생태계'도 점차 ㉠밝혀지고 있다. 20여 년째 김치를 연구해오며 지난 해 토종젖산균(유산균) '류코노스톡 김치 아이'를 발견해 세계학계에서 새로운 종으로 인정받은 인하대 한홍의(61) 미생물학과교수는 "일반 세균과 젖산균, 효모로 이어지는 김치생태계의 순환은 우리 생태계의 축소판"이라고 말했다.

① 불이 대낮처럼 밝혀져 있는데도 집 안은 인기척 하나 없이 동굴 속처럼 괴괴하다.
② 환한 불이 밝혀져 있는 창마다에서는 행복한 웃음소리가 흘러나오고 있었다.
③ 나는 다행히 어느 신문 기자의 도움으로 사실이 밝혀져 검사 손에서 벌금형만 받고는 쉽게 나오게 되었다.
④ 경찰의 수사로 사건의 전모가 밝혀졌다.
⑤ 사필귀정으로 결국 자신의 결백함이 밝혀져 곧 지옥을 벗어나게 될 것임을 굳게 믿고 있었다.

4

> 원효는 당시의 유행인 서학을 하지 않았다. 그의 '화엄경소'가 중국 화엄종의 제3조 현수가 ㉠지은 '화엄경탐현기'의 본이 되었다. 원효는 여러 종파의 분립이라는 불교계의 인습에 항거하고, 여러 종파의 교리를 통일하여 해동종을 열었다. 그 뿐만 아니라, 모든 승려들이 귀족 중심의 불교로 만족할 때에 스스로 마을과 마을을 돌아다니며 배움 없는 사람들에게 전도하기를 꺼리지 않은, 민중 불교의 창시자였다.

① 그녀는 치마폭을 모아 잡으며 조심스럽게 일어서 서둘러 아침밥을 지으러 갔다.
② 아들에게 한약을 한 첩 지어 먹였다.
③ 그는 틈 있는 때에 붓을 잡으면 시도 좀 지어 보고 감상문도 좀 지어 보고 단편 소설도 지어 본다.
④ 여자가 반가워하는지 난처해하는지 모를 애매한 표정을 짓고 어쩔 줄 몰라 했다.
⑤ 우리는 서로 나쁜 관계를 짓지 않도록 노력하고 있다.

5

> 겸재 정선이나 단원 김홍도, 혹은 혜원 신윤복의 그림에서도 이런 정신을 찾을 수 있다. 이들은 화보모방주의의 인습에 반기를 들고, 우리나라의 정취가 넘치는 자연을 묘사하였다. 더욱이 그들은 산수화나 인물화에 말라붙은 조선시대의 화풍에 항거하여, '밭가는 농부', '대장간 풍경', '서당의 모습', '씨름하는 광경', '그네 뛰는 아낙네' 등 현실 생활에서 제재를 ㉠취한 풍속화를 대담하게 그렸다. 이것은 당시에는 혁명과도 같은 사실이었다. 그러나 오늘날에는 이들의 그림이 민족 문화의 훌륭한 유산으로 생각되고 있는 것이다.

① 아버지는 나의 직업 선택에 대하여 관망하는 듯한 태도를 취하고 계셨다.
② 그는 엉덩이를 의자에 반만 붙인 채 당장에라도 일어설 자세를 취하고 있었다.
③ 차려 자세를 취하다.
④ 동생으로부터 몇 가지 필요한 물건들을 취한 대가로 여자 친구를 소개시켜 주기로 했다.
⑤ 수술 후 어머니는 조금씩 음식을 취하기 시작하였다.

6 다음 글에 대한 설명으로 가장 적절한 것은?

무엇인가를 알아내는 사고 방법에는 여러 가지가 있는데 그 중 하나가 유추이다. 유추란 어떤 사물이나 현상의 성질을 그와 비슷한 다른 사물이나 현상에 기초하여 미루어 짐작하는 것을 말한다. 이는 학문 또는 예술 활동에서뿐만 아니라 일상생활에서도 흔히 행하고 있는 사고법이다.
유추는 '알고자 하는 특성의 확정 – 알고 있는 대상과의 비교 – 결론 내리기'의 과정을 통해 이루어진다.
동물원에 가서 '백조'를 처음 본 어린아이가 그것이 날 수 있는가의 여부를 판단하는 과정을 생각해 보자. 이 경우 '알고자 하는 대상'과 그 '알고자 하는 특성'을 확정하면 '백조가 날 수 있는가?'가 된다. 그런데 그 아이가 자신이 이미 알고 있는 '비둘기'를 떠올리고는 백조와 비둘기 사이에 '깃털이 있다', '다리가 둘이다', '날개가 있다' 등의 공통점을 발견하였다. 이렇게 공통점을 발견하는 것이 바로 비교이다. 그 다음에 '비둘기는 난다'는 특성을 다시 확인한 후 '백조가 날 것이다'고 결론을 내리면 유추가 끝난다.
많은 논리학자들은 유추가 판단을 그르치게 한다고 폄하한다. 유추를 통해 알아낸 것이 옳다는 보장이 없기 때문이다. 위의 경우 '백조가 난다'는 것은 옳다. 그런데 똑같은 방법으로 '타조'에 대해 '타조가 난다'라는 결론을 내렸다면, 이는 사실에 어긋난다. 이는 공통점이 가장 많은 대상을 비교 대상으로 선택하지 못했기 때문이다. 이렇게 유추를 통해 알아낸 것은 옳을 가능성이 있다고는 할 수 있어도 틀림없다고는 할 수 없다.
결국 유추를 통해 옳은 결론을 내릴 가능성을 높이는 것이 중요한데, '범위 좁히기'의 과정을 통해 비교할 대상을 선정함으로써 그 가능성을 높일 수 있다. 만약 어린아이가 수많은 새 중에서 비둘기 말고, 타조와 더 많은 공통점을 갖고 있는 것, 예를 들면 '몸통에 비해 날개 크기가 작다'는 공통점을 하나 더 갖고 있는 '닭'을 가지고 유추를 했다면 '타조는 날지 못할 것이다'는 결론을 내렸을 것이다.
옳지 않은 결론을 내릴 가능성을 항상 안고 있음에도 불구하고 유추는 필요하다. 우리 인간은 모든 것을 알고 태어나지 않을 뿐만 아니라 어느 한 순간에 모든 것을 알아내지는 못한다. 그런데도 인간이 많은 지식을 갖게 된 것은 유추와 같은 사고법을 가지고 있기 때문이다.

① 유추의 활용 사례들을 분석하면서 그 유형을 소개하고 있다.
② 유추의 방법과 효용을 알려주면서 그 유용성을 강조하고 있다.
③ 유추에 대한 학문적 논의의 과정을 시간 순서대로 소개하고 있다.
④ 유추의 문제점을 지적하면서 새로운 사고 방법의 필요성을 역설하고 있다.
⑤ 유추와 여타 사고 방법들과의 차이점을 부각하면서 그 본질을 이해시키고 있다.

7 다음의 내용에 착안하여 '동아리 활동'에 대한 글을 쓰려고 할 때 연상한 되는 내용으로 적절하지 않은 것은?

> 오늘은 떡볶이 만드는 법을 소개하겠습니다. 이를 위해 떡볶이를 만드는 과정을 사진으로 찍어 누리집에 올리려고 합니다. 떡볶이는 고추장 떡볶이, 간장 떡볶이, 짜장 떡볶이 등이 있는데, 개인의 기호에 따라 주된 양념장을 골라 준비합니다. 그런 다음 떡볶이에 필요한 떡, 각종 야채, 어묵 등을 손질합니다. 이 재료와 양념장의 조화에 따라 맛이 결정됩니다. 그리고 끓는 물에 양념장과 재료를 넣고 센 불에서 끓입니다. 떡이 어느 정도 익고 양념이 떡에 잘 배면 떡볶이가 완성됩니다. 완성된 떡볶이의 사진도 찍어 누리집의 '뽐내기 게시판'에 올려 솜씨를 자랑합니다.

① 어려움이 생기면 지도 교사에게 조언을 구한다.
② 자신의 흥미나 관심에 따라 동아리를 선택한다.
③ 동아리 활동 목적에 따라 활동 계획을 수립한다.
④ 동아리 발표회에 참가하여 활동 결과를 발표한다.
⑤ 구성원의 화합과 협동이 동아리의 성공을 좌우한다.

8 다음에 나타난 사회 방언의 특징으로 적절한 것은?

> 갑자기 쓰러져서 병원에 실려 온 환자를 진찰한 후
>
> 의사 1 : 이 환자의 상태는 어떻지?
> 의사 2 : 아직 확진할 순 없지만, 스트레스로 인하여 심계항진에 문제가 보이고, 안구진탕과 연하 곤란까지 왔어. 육안 검사로는 힘드니까 자세한 이학적 검사를 해봐야 알 것 같아.
> 의사 1 : CT 촬영만으로는 판단이 어렵겠는걸. MRI 촬영 검사를 추가하여 검사해 봐야겠군.
> 의사 2 : 그렇게 하지.

① 성별의 영향을 많이 받는다.
② 세대에 따라 의미를 다르게 이해한다.
③ 업무를 효과적으로 수행하는 데 도움을 준다.
④ 듣기 거북한 말에 대해 우회적으로 발화한다.
⑤ 일시적으로 유행하는 말을 많이 만들어 쓴다.

9 다음은 라디오 프로그램의 일부이다. 이 방송을 들은 후 '나무 개구리'에 대해 보인 반응으로 가장 적절한 반응은?

> 여러분, 개구리는 물이 없거나 추운 곳에서는 살기 어렵다는 것은 알고 계시죠? 그리고 사막은 매우 건조할 뿐 아니라 밤과 낮의 일교차가 매우 심해서 생물들이 살기에 매우 어려운 환경이라는 것도 다 알고 계실 겁니다. 그런데 이런 사막에 서식하는 개구리가 있다는 것은 알고 계십니까? 바로 호주 북부에 있는 사막에 살고 있는 '나무 개구리'를 말하는 것인데요. 이 나무 개구리는 밤이 되면 일부러 쌀쌀하고 추운 밖으로 나와 나무에 앉았다가 몸이 싸늘하게 식으면 그나마 따뜻한 나무 구멍 속으로 다시 들어간다고 합니다. 그러면 마치 추운 데 있다 따뜻한 곳으로 갔을 때 안경에 습기가 서리듯, 개구리의 피부에 물방울이 맺히게 됩니다. 바로 그 수분으로 나무 개구리는 사막에서 살아갈 수 있는 것입니다.
> 메마른 사막에서 추위를 이용하여 물방울을 얻어 살아가고 있는 나무 개구리가 생각할수록 대견하고 놀랍지 않습니까?

① 척박한 환경에서도 생존의 방법을 찾아내고 있군.
② 천적의 위협에 미리 대비하는 방법으로 생존하고 있군.
③ 동료들과의 협력을 통해서 어려운 환경을 극복하고 있군.
④ 주어진 환경을 자신에 맞게 변화시켜 생존을 이어가고 있군.
⑤ 다른 존재와의 경쟁에서 이겨내는 강한 생존 본능을 지니고 있군.

10 다음의 설명을 참고할 때 [A]에 대한 설명으로 가장 적절한 것은?

> 일정한 뜻을 지닌 가장 작은 말의 단위를 '형태소'라고 한다. '사과를 먹는다'는 '사과', '를', '먹-', '-는-', '-다'의 다섯 개의 형태소로 분석된다. 형태소 중에는 '사과'처럼 혼자 쓰일 수 있는 것이 있고 '를', '먹-', '-는-', '-다'처럼 반드시 다른 형태소와 결합하여 쓰이는 것이 있는데, 전자를 ' 자립 형태소'라고 하고 후자를 '의존 형태소'라고 한다.

> [A] 하늘에 별이 많다.

① '하늘에'는 세 개의 형태소로 구성되었다.
② '별이'는 자립 형태소만으로 구성되었다.
③ '많다'는 자립 형태소와 의존 형태소로 구성되었다.
④ '에'와 '이'는 모두 자립 형태소이다.
⑤ '별이 많다'에는 세 개의 의존 형태소가 있다.

※ 다음 글을 읽고 물음에 답하시오. 【11~12】

인간 사회의 주요한 자원 분배 체계로 '시장(市場)', '재분배(再分配)', '호혜(互惠)'를 들 수 있다. 시장에서 이루어지는 교환은 물질적 이익을 증진시키기 위해 재화나 용역을 거래하는 행위이며, 재분배는 국가와 같은 지배 기구가 잉여 물자나 노동력 등을 집중시키거나 분배하는 것을 말한다. 실업 대책, 노인 복지 등과 같은 것이 재분배의 대표적인 예이다. 그리고 호혜는 공동체 내에서 혈연 및 동료 간의 의무로서 행해지는 증여 관계이다. 명절 때의 선물 교환 같은 것이 이에 속한다.
이 세 분배 체계는 각각 인류사의 한 부분을 담당해 왔다. 고대 부족 국가에서는 호혜를 중심으로, 전근대 국가 체제에서는 재분배를 중심으로 분배 체계가 형성되었다. 근대에 와서는 시장이라는 효율적인 자원 분배 체계가 활발하게 그 기능을 수행하고 있다. 그러나 이 세 분배 체계는 인류사 대부분의 시기에 공존했다고 말할 수 있다. 고대 사회에서도 시장은 미미하게나마 존재했었고, 오늘날에도 호혜와 재분배는 시장의 결함을 보완하는 경제적 기능을 수행하고 있기 때문이다.
효율성의 측면에서 보았을 때, 인류는 아직 시장만한 자원 분배 체계를 발견하지 못하고 있다. 그러나 시장은 소득 분배의 형평(衡平)을 보장하지 못할 뿐만 아니라, 자원의 효율적 분배에도 실패하는 경우가 종종 있다. 그래서 때로는 국가가 직접 개입한 재분배 활동으로 소득 불평등을 개선하고 시장의 실패를 시정하기도 한다. 우리 나라의 경우 IMF 경제 위기 상황에서 실업자를 구제하기 위한 정부 정책들이 그 예라 할 수 있다. 그러나 호혜는 시장뿐 아니라 국가가 대신하기 어려운 소중한 기능을 담당하고 있다. 부모가 자식을 보살피는 관행이나, 친척들이나 친구들이 서로 길·흉사(吉凶事)가 생겼을 때 도움을 주는 행위, 아무런 연고가 없는 불우 이웃에 대한 기부와 봉사 등은 시장이나 국가가 대신하기 어려운 부분이다.
호혜는 다른 분배 체계와는 달리 물질적으로는 이득을 볼 수 없을 뿐만 아니라 때로는 손해까지도 감수해야 하는 행위이다. 그러면서도 호혜가 이루어지는 이유는 무엇인가? 이는 그 행위의 목적이 인간적 유대 관계를 유지하고 증진시키는 데 있기 때문이다. 인간은 사회적 존재이므로 사회적으로 고립된 개인은 결코 행복할 수 없다. 따라서 인간적 유대 관계는 물질적 풍요 못지 않게 중요한 행복의 기본 조건이다. 그렇기에 사람들은 소득 증진을 위해 투입해야 할 시간과 재화를 인간적 유대를 위해 기꺼이 할당하게 되는 것이다.
우리는 물질적으로 풍요로울 뿐 아니라, 정신적으로도 풍족한 사회에서 행복하게 살기를 바란다. 그러나 우리가 지향하는 이러한 사회는 효율적인 시장과 공정한 국가만으로는 이루어질 수 없다. 건강한 가정·친척·동료가 서로 지원하면서 조화를 이룰 때, 그 꿈은 실현될 수 있을 것이다. 이처럼 호혜는 건전한 시민 사회를 이루기 위해서 반드시 필요한 것이라고 할 수 있다. 그래서 사회를 따뜻하게 만드는 시민들의 기부와 봉사의 관행이 정착되기를 기대하는 것이다.

11 윗글의 내용과 일치하지 않는 것은?

① 재분배는 국가의 개입에 의해 이루어진다.
② 시장에서는 물질적 이익을 위해 상품이 교환된다.
③ 호혜가 중심적 분배 체계였던 고대에도 시장은 있었다.
④ 시장은 현대에 와서 완벽한 자원 분배 체계로 자리 잡았다.
⑤ 사람들은 인간적 유대를 위해 물질적 손해를 감수하기도 한다.

12 윗글의 논리 전개 방식으로 알맞은 것은?

① 구체적 현상을 분석하여 일반적 원리를 추출하고 있다.
② 시간적 순서에 따라 개념이 형성되어 가는 과정을 밝히고 있다.
③ 대상에 대한 여러 가지 견해를 소개하고 이를 비교 평가하고 있다.
④ 다른 대상과의 비교를 통해 대상이 지닌 특성과 가치를 설명하고 있다.
⑤ 기존의 통념을 비판한 후 이를 바탕으로 새로운 견해를 제시하고 있다.

※ 다음 글을 읽고 물음에 답하시오. 【13~14】

오랫동안 인류는 동물들의 희생이 수반된 육식을 당연하게 여겨왔으며 이는 지금도 진행 중이다. 그런데 이에 대해 윤리적 문제를 제기하며 채식을 선택하는 경향이 생겨났다. 이러한 경향을 취향이나 종교, 건강 등의 이유로 채식하는 입장과 구별하여 '윤리적 채식주의'라고 한다. 그렇다면 윤리적 채식주의의 관점에서 볼 때, 육식의 윤리적 문제점은 무엇인가? 육식의 윤리적 문제점은 크게 개체론적 관점과 생태론적 관점으로 나누어살펴볼 수 있다. 개체론적 관점에서 볼 때, 인간과 동물은 모두 존중받아야 할 '독립적 개체'이다. 동물도 인간처럼 주체적인 생명을 영위해야 할 권리가 있는 존재이다. 또한 동물도 쾌락과 고통을 느끼는 개별 생명체이므로 그들에게 고통을 주어서도, 생명을 침해해서도 안 된다. 요컨대 동물도 고유한 권리를 가진 존재이기 때문에 동물을 단순히 음식재료로 여기는 인간 중심주의적인 시각은 윤리적으로 문제가 있다. 한편 생태론적 관점에서 볼 때, 지구의 모든 생명체들은 개별적으로 존재하는 것이 아니라 서로 유기적으로 연결되어 존재한다. 따라서 각 개체로서의 생명체가 아니라 유기체로서의 지구 생명체에 대한 유익성 여부가 인간행위의 도덕성을 판단하는 기준이 되어야 한다. 그러므로 육식의 윤리성도 지구생명체에 미치는 영향에 따라 재고되어야 한다. 예를 들어 대량사육을 바탕으로 한 공장제 축산업은 인간에게 풍부한 음식재료를 제공한다. 하지만 토양, 수질, 대기 등의 환경을 오염시켜 지구생명체를 위협하므로 윤리적으로 문제가 있다.
결국 우리의 육식이 동물에게든 지구생명체에든 위해를 가한다면 이는 윤리적이지 않기 때문에 문제가 있다. 인류의 생존을 위한 육식은 누군가에게는 필수불가결한 면이 없지 않다. 그러나 인간이 세상의 중심이라는 시각에 젖어 그동안 우리는 인간 이외의 생명에 대해서는 윤리적으로 무감각하게 살아왔다. 육식의 윤리적 문제점은 인간을 둘러싼 환경과 생명을 새로운 시각으로 바라볼 것을 요구하고 있다.

13 **윗글의 중심 내용으로 가장 적절한 것은?**

① 윤리적 채식의 기원
② 육식의 윤리적 문제점
③ 지구환경오염의 실상
④ 윤리적 채식주의자의 권리
⑤ 독립적 개체로서의 동물의 특징

14 **윗글의 논지 전개 방식에 대한 평가로 가장 적절한 것은?**

① 중심 화제에 대한 자료의 출처를 밝힘으로써 주장의 신뢰성을 높이고 있다.
② 중심 화제에 대해 상반된 견해를 제시함으로써 주장의 공정성을 확보하고 있다.
③ 중심 화제에 대한 전문가의 말을 직접 인용함으로써 주장의 객관성을 높이고 있다.
④ 중심 화제에 대해 두 가지 관점으로 나누어 접근함으로써 주장의 타당성을 높이고 있다.
⑤ 중심 화제에 대해 가설을 설정하고 현상을 분석함으로써 주장의 적절성을 높이고 있다.

※ 다음 글을 읽고 물음에 답하시오. 【15~16】

'인문적'이라는 말은 '인간다운(humane)'이라는 뜻으로 해석할 수 있는데, 유교 문화는 이런 관점에서 인문적이다. 유교의 핵심적 본질은 '인간다운' 삶의 탐구이며, 인간을 인간답게 만드는 덕목을 제시하는 데 있다. '인간다운 것'은 인간을 다른 모든 동물과 차별할 수 있는, 그래서 오직 인간에게서만 발견할 수 있는 이상적 본질과 속성을 말한다. 이러한 의도와 노력은 서양에서도 있었다. 그러나 그 본질과 속성을 규정하는 동서의 관점은 다르다. 그 속성은 그리스적 서양에서는 '이성(理性)'으로, 유교적 동양에서는 '인(仁)'으로 각기 달리 규정된다. 이성이 지적 속성인데 비해서 인은 도덕적 속성이다. 인은 인간으로서 가장 중요한 덕목이며 근본적 가치이다.

'인(仁)'이라는 말은 다양하게 정의되며, 그런 정의에 대한 여러 논의가 있을 수 있기는 하다. 하지만 '인(仁)'의 핵심적 의미는 어쩌면 놀랄 만큼 단순하고 명료하다. 그것은 '사람다운 심성'을 가리키고, 사람다운 심성이란 '남을 측은히 여기고 그의 인격을 존중하여 자신의 욕망과 충동을 자연스럽게 억제하는 착한 마음씨'이다. 이 때 '남'은 인간만이 아닌 자연의 모든 생명체로 확대된다. 그러므로 '인'이라는 심성은 곧 "낚시질은 하되 그물질은 안 하고, 주살을 쏘되 잠든 새는 잡지 않는다.(釣而不網, 弋不射宿)"에서 그 분명한 예를 찾을 수 있다.

유교 문화가 이런 뜻에서 '인문적'이라는 것은 유교 문화가 가치관의 측면에서 외형적이고 물질적이기에 앞서 내면적이고 정신적이며, 태도의 시각에서 자연 정복적이 아니라 자연 친화적이며, 윤리적인 시각에서 인간 중심적이 아니라 생태 중심적임을 말해준다.

여기서 질문이 나올 수 있다. 근대화 이전이라면 어떨지 몰라도 현재의 동양 문화를 위와 같은 뜻에서 정말 '인문적'이라 할 수 있는가?

나의 대답은 부정적이다. 적어도 지난 한 세기 동양의 역사는 스스로가 선택한 서양화(西洋化)라는 혼란스러운 격동의 역사였다. 서양화는 그리스적 철학, 기독교적 종교, 근대 민주주의적 정치이념 등으로 나타난 이질적 서양 문화, 특히 너무나 경이로운 근대 과학 기술 문명의 도입과 소화를 의미했다. 이러한 서양화가 전통 문화 즉 자신의 정체성의 포기 내지는 변모를 뜻하는 만큼, 심리적으로 고통스러운 것이었음에도 불구하고, 동양은 서양화가 '발전적, 진보적'이라는 것을 의심하지 않았다. 모든 것이 급속히 세계화되어 가고 있는 오늘의 동양은 문명과 문화의 면에서 많은 점이 서양과 구별할 수 없을 만큼 서양화되었다. 어느 점에서 오늘의 동양은 서양보다도 더 물질적 가치에 빠져 있으며, 경제적 · 기술적 문제에 관심을 쏟고 있다. 하지만 그런 가운데에서도 동양인의 감성과 사고의 가장 심층에 깔려 있는 것은 역시 동양적, 유교적 즉 '인문적'이라고 볼 수 있다. 그만큼 유교는 동양 문화가 한 세기는 물론 몇 세기 그리고 밀레니엄의 거센 비바람으로 변모를 하면서도, 근본적으로 바뀌지 않고 쉽게 흔들리지 않을 만큼 깊고 넓게 그 뿌리를 박고 있는 토양이다. 지난 한 세기 이상 '근대화', '발전'이라는 이름으로 서양의 과학 문화를 어느 정도 성공적으로 추진해 온 동양이 그런 서양화에 어딘가 불편과 갈등을 느끼는 중요한 이유의 하나는 바로 이러한 사실에서 찾을 수 있다.

15 위 글의 내용과 일치하지 않는 것은?

① 동양 문화는 서양화를 통해 성공적으로 발전했다.
② 유교 문화는 내면적이고 정신적이며 자연친화적이다.
③ 유교는 동양인의 감성과 사고의 밑바탕에 깔려있다.
④ '인'은 사람다운 심성으로, 그 대상이 모든 생명체로 확대된다.
⑤ 인간의 이상적 본질과 속성을 규정하는 관점은 동·서양이 다르다.

16 위 글의 서술 방법을 묶은 것으로 적절한 것은?

㉠ 개념을 밝혀 논점을 드러낸다.
㉡ 주장을 유사한 이론들과 비교한다.
㉢ 문제점을 지적한 후 견해를 제시한다.
㉣ 여러 각도에서 문제를 분석하여 논지를 강화한다.

① ㉠㉡
② ㉠㉢
③ ㉡㉢
④ ㉡㉣
⑤ ㉢㉣

※ 다음 글을 읽고 물음에 답하시오. 【17~18】

대부분의 비행체들은 공기보다 무거우며, 공중에 뜬 상태를 유지하기 위해 양력을 필요로 한다. 양력이란 비행기의 날개 같은 얇은 판을 유체 속에서 작용시킬 때, 진행 방향에 대하여 수직·상향으로 작용하는 힘을 말한다. 이러한 양력은 항상 날개에 의해 공급된다. 날짐승과 인간이 만든 비행체들 간의 주된 차이는 날개 작업이 이루어지는데 이용되는 힘의 출처에 있다. 비행기들은 엔진의 힘에 의해 공기 속을 지나며 전진하는 고정된 날개를 지니고 있다. 이와는 달리 날짐승들은 근육의 힘에 의해 공기 속을 지나는, 움직이는 날개를 지니고 있다. 그런데, 글라이더 같은 일부 비행체나 고정된 날개로 활상 비행을 하는 일부 조류들은 이동하는 공기 흐름을 힘의 출처로 이용한다. 비행기 날개의 작동 방식에 대해 우리가 알고 있는 지식은 다니엘 베르누이가 연구하여 얻은 것이다. 베르누이는 유체의 속도가 증가할 때 압력이 감소한다는 사실을 알아냈다. 크리스마스 트리에 다는 장식볼 두 개를 이용하여 이를 쉽게 확인해 볼 수 있다. 두 개의 장식볼을 1센티미터 정도 떨어뜨려 놓았을 때, 공기가 이 사이로 불어오면 장식볼은 가까워져서 서로 맞닿을 것이다. 이는 장식볼의 곡선을 그리는 표면 위로 흐르는 공기의 속도가 올라가서 압력이 줄어들기 때문으로, 장식볼들 주변의 나머지 공기는 보통 압력에 있기 때문에 장식볼들은 서로 붙으려고 하는 것이다. 프로펠러 날개는 베르누이의 원리를 활용하여 윗면은 볼록하게 만들고 아랫면은 편평하거나 오목하게 만들어진다. 프로펠러 날개가 공기 속에서 움직일 때, 두 표면 위를 흐르는 공기 속도의 차이는 윗면 쪽의 압력을 감소시키고 아랫면 쪽의 압력을 증가시킨다. 그 결과 프로펠러 날개에는 상승 추진력 혹은 양력이 생기고, 비행체는 공중에 뜰 수 있게 되는 것이다. 프로펠러 날개의 움직임 방향에 직각으로 작용하는 양력은 움직임의 방향과 반대로 작용하는 항력을 항상 수반하며, 항력은 양력과 직각을 이룬다. 두 힘의 결합을 총반동력이라고 하며, 이것은 압력중심이라고 부르는 지점을 통해 작용된다. 프로펠러 날개의 두께와 표면적을 증가시킬수록 양력이 증가된다. 또한 날개의 받음각을 경사지게 하면 각이 커질수록 양력이 증가된다. 그런데, 양력이 증가되면 항력도 증가되고, 따라서 공기 속에서 프로펠러 날개를 미는 데 더 많은 에너지가 필요하게 된다. 현대의 여객기들은 이륙과 착륙 전에 날개의 두께와 표면적이 증가되도록 하는 다양한 고양력 장치들을 지니고 있다. 받음각이 커지면 양력은 증가하지만 곧 최곳값에 도달하게 되고 그 뒤에는 급속히 떨어진다. 이를 실속되었다고 한다. 실속은 프로펠러 날개 표면에서 공기 흐름이 분리되면서 일어난다. 실속은 프로펠러 날개의 뒷전에서 시작되어 앞으로 이동해 나가고, 양력은 감소하게 된다. 대부분의 양력은 실속점에서 상실되며, 양력이 항공기의 중량을 더 이상 감당할 수 없을 정도로 작아지면 고도를 상실한다.

17 위 글의 제목으로 가장 적절한 것은?

① 날개의 작동 방식
② 비행의 기본 원리
③ 항공기의 발달 과정
④ 양력의 증가량 측정
⑤ 항공기와 날짐승의 공통점

18 위 글의 내용과 일치하지 않는 것은?

① 받음각이 최곳값이 되면 속도가 증가한다.
② 유체의 속도가 증가하면 압력이 감소한다.
③ 비행체가 공중에 뜨기 위해서 양력이 필요하다.
④ 프로펠러는 베르누이의 원리를 활용하여 만든 것이다.
⑤ 총반동력은 압력중심이라고 부르는 지점을 통해 작용한다.

※ 다음 글을 읽고 물음에 답하시오. 【19~20】

방언의 분화는 크게 두 가지 원인에 의해 발생하는 것으로 알려져 있다. 그 하나는 지역이 다름으로써 방언이 발생하는 경우이며, 다른 하나는 사회적인 요인들, 가령 사회 계층, 성별, 세대 등의 차이에 의해 방언이 발생하는 경우이다. 지역이 다름으로 인해 형성된 방언을 지역 방언이라 한다. 두 지역 사이에 큰 산맥이나 강, 또는 큰 숲이나 늪 등의 지리적인 장애가 있을 때 지역 방언이 발생하며, 이러한 뚜렷한 장애물이 없더라도 거리가 멀리 떨어져 있으면 그 양쪽 지역 주민들 사이의 왕래가 어려워지고 따라서 두 지역의 언어는 점차 다른 모습으로 발전해 가리라는 것은 쉽게 짐작되는 일이다. 행정 구역이 다르다든가 시장권이나, 학군 등이 다르다는 것도, 서로 소원하게 함으로써 방언의 분화를 일으키는 요인이 된다. 어떠한 조건에 의해서든 이처럼 지리적인 거리로 인하여 서로 분화를 일으킨 방언 각각을 지역 방언이라 한다. 우리나라에서 흔히 '제주도 방언, 경상도 방언, 전라도 방언' 등으로 도명을 붙여 부르는 방언들이 이 지역 방언의 전형적인 예이지만 '중부 방언, 영동 방언, 흑산도 방언, 강릉 방언'과 같은 이름의 방언도 역시 훌륭한 지역 방언의 예들이다. 전통적으로 방언이라 하면 이 지역 방언을 일컬을 만큼 지역 방언은 방언 중 대표적인 존재라 할 만하다. 방언은 지역이 달라짐에 따라서만 형성되는 것이 아니다. 동일한 지역 안에서도 몇 개의 방언이 있을 수 있는 것이다. 한 지역의 언어가 다시 분화를 일으키는 것은 대개 사회 계층의 다름, 세대 · 연령의 차이, 또는 성별의 차이 등의 사회적 요인에 기인한다. 이처럼 지리적인 거리에 의해서가 아니라 사회적인 요인에 의하여 형성되는 방언을 사회 방언이라 한다. 사회 방언은 때로 계급 방언이라고 부르는 수도 있는데 이는 사회 방언이 여러 가지 사회적 요인에 의하여 형성되지만 그 중에서도 사회 계층이 가장 중요한 요인임이 일반적인 데서 연유한다. 사회 방언은 지역 방언과 함께 2대 방언의 하나를 이룬다. 그러나 사회 방언은 지역 방언만큼 일찍부터 방언 학자의 주목을 받지 못하였다. 어느 사회에나 사회 방언이 없지는 않았으나 일반적으로 사회 방언 간의 차이는 지역 방언들 사이의 그것만큼 그렇게 뚜렷하지 않기 때문이었다. 가령 20대와 60대 사이에는 분명히 방언차 — 사회 방언으로서의 차이 — 가 있지만 그 차이가 전라도 방언과 경상도 방언 사이의 그것만큼 현저하지는 않은 것이 일반적이며, 남자와 여자 사이의 방언차 역시 마찬가지다. 사회 계층 간의 방언차는 사회에 따라서는 상당히 현격한 차이를 보여 일찍부터 논의의 대상이 되어 오기는 하였다. 인도에서의 카스트에 의해 분화된 방언, 미국에서의 흑인 영어의 특이성, 우리나라 일부 지역에서 발견되는 양반 계층과 일반 계층 사이의 방언차 등이 그 대표적인 예들이다. 이러한 사회 계층 간의 방언 분화는 최근 사회 언어학의 대두에 따라 점차 큰 관심의 대상이 되어 가고 있다.

19 **위 글을 통해 알 수 없는 것은?**

① 방언의 분화 원인은 무엇인가?
② 사회 방언에 대한 관심은 어떠한가?
③ 방언의 언어학적인 가치는 무엇인가?
④ 우리나라의 지역 방언에는 어떤 것이 있는가?
⑤ 지역 방언을 발생시키는 요인에는 무엇이 있는가?

20 **위 글로 보아 다음의 '비판' 내용으로 가장 적절한 것은?**

> 전통적인 방언학은 역사 문법의 한 분야로, 분화된 언어의 옛 형태가 잘 보존되어 있으리라 생각되는 시골을 주된 연구의 대상으로 삼았다. 이런 연구 방법은 '비판'의 대상이 되었는데 이러한 비판을 바탕으로 사회 언어학이 대두되었다.

① 방언 분화의 다양한 요인을 폭넓게 고찰하지 못했다.
② 현지에서 모은 언어 자료를 분석하는 기술이 미흡했다.
③ 방언의 분화 과정을 밝히는 것은 근본적으로 불가능하다.
④ 방언 연구를 독자적인 학문의 영역으로 인정하지 않았다.
⑤ 우리말을 아름답게 가꾸고 순화하려는 노력을 게을리 했다.

21 다음 대화를 바탕으로 ㉠~㉤에 대해 설명한 것으로 옳지 않은 것은?

현진 : 너 ㉠그 책 읽어 봤어?
진수 : 그 책은 아직 못 읽어 봤어.
현진 : 그 책은 굉장히 재미있어. 특히 사건을 풀어 가는 작가의 이야기 솜씨가 일품이야. 난 그 작가가 정말 좋아. 내게 그 책이 있으니 빌려 줄게.
진수 : 고마워.
현진 : 그리고 혹시 이 책은 어때? 읽어 봤어?
진수 : 그 책도 못 읽어 봤어.
현진 : 그럼 내가 ㉡이 책하고 이 책 두 권 다 빌려 줄게.
진수 : 고마워. 어, 그런데 ㉢저건 내가 읽고 싶었던 책이네. ㉣혹시 빌려 줄 수 있어?
현진 : ㉤오늘 내가 책 많이 빌려 주었지? 그 책은 나도 곁에 두고 반복해서 읽는 책이라서 빌려 주기 어려운데…….

① ㉠ : 담화 맥락을 알아야 '그 책'이 가리키는 대상을 분명히 알 수 있다.
② ㉡ : 형태상으로 동일한 지시어가 사용되었지만, 앞의 '이 책'과 뒤의 '이 책'이 실제로 가리키는 대상은 다르다.
③ ㉢ : ㉠이 지시하는 대상과 동일하지 않다.
④ ㉣ : 주성분인 목적어를 생략하여 전체 담화의 응집성이 약화되었다.
⑤ ㉤ : 담화의 맥락을 고려하면 완곡한 거절의 의사가 담겨 있다고 볼 수 있다.

22 〈보기1〉의 설명을 참고할 때, 〈보기2〉의 ㉠~㉣ 중 합성어에 해당하는 말을 바르게 고른 것은?

〈보기1〉

하나의 형태소로 이루어진 단어를 단일어라고 하고, 둘 이상의 형태소로 이루어진 단어를 복합어라고 한다. 복합어에는 두 종류가 있다. '손(어근) + 수레(어근)'와 같이 둘 이상의 어근으로 이루어진 단어는 합성어이고, '사냥(어근) + 꾼(접사)'과 같이 어근에 접사가 결합되어 만들어진 단어는 파생어이다.

〈보기2〉

㉠물고기가 그려진 ㉡지우개가 어디로 갔을까? ㉢심술쟁이 동생이 또 ㉣책가방에 숨겼을 거야. 그래 보았자 이 누나는 금방 찾는데.

① ㉠㉡
② ㉠㉣
③ ㉡㉢
④ ㉡㉣
⑤ ㉢㉣

※ 다음 글에서 ㉠과 ㉡의 관계와 가장 유사한 것을 고르시오. 【23~25】

23

미생물학적으로 세균은 그 특성에 따라 여러 가지 종류로 나눌 수 있다. 이들 중 인간과 가장 밀접한 관계를 가지고 있는 것은 역시 장내 세균일 것이다. 이들을 흔히 ㉠ 대장균이라고 부르는데 정온 동물의 장내에 1cc당 약 100억 마리가 존재한다. 이들이 우리의 장내에서 일정 숫자를 유지함으로써 ㉡ 질병을 일으킬 수 있는 나쁜 세균의 침입을 막아 주는 것이다. 어떤 이유에서인지 이들의 숫자가 감소하면 질병 현상이 생기게 된다. 그러므로 그 악명 높은 대장균이 우리에게는 질병을 막아주는 성벽과 같은 역할을 하고 있다. 이외에도 대장균은 최근 유행하는 유전공학의 기본 도구로 사용되고 있다. 한마디로 대장균이 없는 미생물학은 생각할 수 없을 정도로 중요한 것이다.

① 댐 : 홍수
② 풀 : 나무
③ 문학 : 예술
④ 시간 : 시계
⑤ 의사 : 환자

24

요즈음 점술가들의 사업이 크게 번창하고 있다는 말이 들린다. 이름난 점술가를 한 번 만나 보기 위해 몇 달 전, 심지어는 일 년 전에 예약을 해야 한다니 놀라운 일이다. 더욱 흥미로운 것은 이들 '사업'에 과학 문명의 첨단 장비들까지 한몫을 한다는 점이다. 이들은 전화로 예약을 받고 컴퓨터로 장부 정리를 하며 그랜저를 몰고 온 손님을 맞이하는 것이다. ㉠ 과학과 ㉡ 점술의 기묘한 공존 방식이다.

① 차다 : 뜨겁다
② 유죄 : 무죄
③ 인간 : 학생
④ 꽃 : 나비
⑤ 자유 : 평등

25

> 우리나라의 노비 제도는 그 제도적 귀속성이나 인구 비율이 중국보다 강하면서도 노비의 지위는 중국보다 상대적으로 높았다. 그것은 극히 제한된 것이긴 하지만 유외잡직(流外雜職)의 벼슬에 나갈 수 있는 통로가 있고, 독자적인 생활 경리를 가질 수도 있어서 단순한 물건(재산)이나 짐승처럼 취급되지는 않았다. 따라서 ㉠노비의 일부는 노예적 처지에 있는 경우가 있더라도, 대부분의 노비는 반자유민인 ㉡농노(農奴)의 성격이 강하였다.

① 속옷 : 내의
② 잡지 : 신문
③ 배우 : 가수
④ 책 : 도서
⑤ 남자 : 총각

☆ 자료해석

20문항/25분

1 **다음 표는 우리나라의 학력별, 성별 평균 임금을 비교한 것이다. 이에 대한 옳은 분석을 모두 고른 것은? (단, 고졸 평균 임금은 2017년보다 2019년이 많다.)**

구분	2017년	2019년
중졸 / 고졸	0.78	0.72
대졸 / 고졸	1.20	1.14
여성 / 남성	0.70	0.60

㉠ 2019년 중졸 평균 임금은 2017년에 비해 감소하였다.
㉡ 2019년 여성 평균 임금은 2017년에 비해 10% 감소하였다.
㉢ 2019년 남성의 평균 임금은 여성 평균 임금의 2배보다 적다.
㉣ 중졸과 대졸 간 평균 임금의 차이는 2017년보다 2019년이 크다.

① ㉠㉡
② ㉠㉢
③ ㉡㉢
④ ㉢㉣

2 다음 자료에 대한 설명으로 옳은 분석을 모두 고른 것은?

민수은 현재 보유하고 있는 자금 2억 원을 은행에 예금할지, 펀드 구입에 사용할지 고민 중이다. 펀드를 구입하면, 10년 후에 보유 펀드의 가치가 4억 원이 될 것으로 예상된다. 반면, 보유 자금을 예금한다면 복리로 이자를 받을 수 있다. 단, 고정 금리가 적용되며, 이자율에 따른 원리금은 다음 표와 같다.

이자율(%, 1년)	현재 2억 원의 10년 후 원리금
4	2억 9,605만 원
5	3억 2,578만 원
6	3억 5,817만 원
7	3억 9,343만 원
8	4억 3,178만 원

㉠ 이자율이 5 % 이상이면, 펀드를 구입하는 것이 합리적이다.
㉡ 이자율이 8 %이면, 10년 후 원리금이 원금의 2배보다 많다.
㉢ 이자율이 4 %인 경우의 10년 후 이자는 이자율이 8 %인 경우의 절반보다 많다.
㉣ 이자율이 낮을수록 펀드 구입의 기회비용이 작아진다.

① ㉠㉡　　② ㉠㉢
③ ㉡㉢　　④ ㉡㉣

3 **다음은 연령대별 토지소유현황을 나타낸 표이다. 이에 대한 설명으로 옳지 않은 것은?**

구분	20세 미만	20대	30대	40대	50대	60대	70대	80대 이상	합계
면적 (㎢)	133 (0.3)	771 (1.6)	3,414 (7.0)	9,507 (19.5)	12,926 (26.5)	12,319 (25.3)	6,900 (14.2)	2,778 (5.7)	48,749 (100.0)
가액 (십억 원)	2,565 (0.2)	21,123 (1.7)	135,904 (10.8)	309,763 (24.5)	354,448 (28.1)	283,693 (22.5)	123,172 (9.7)	32,798 (2.6)	1,263,465 (100.0)
면적당 가액 (가액/면적)	19.3	27.4	39.8	32.6	27.4	23.0	17.9	11.8	26.7
1인당 가액 (백만 원)	51	46	57	85	121	130	106	63	95

① 토지소유 면적이 가장 많은 연령대는 50대이다.
② 토지가액이 가장 높은 연령대는 50대이다.
③ 30대가 가장 비싼 토지를 보유하고 있다.
④ 1인당 토지소유 면적이 가장 넓은 연령대는 60대이다.

4 **다음 표에 대한 해석으로 알맞은 것은?**

	재배면적 (천ha)		10a당 생산량(kg)		생산량 (천ton)	
	2018	2019	2018	2019	2018	2019
배추	14.5	13.5	10,946	10,946	1,583	1,588
무	7.8	7.5	8,034	6,333	624	473

① 2019년 배추 생산량은 2018년에 비해 약 25% 감소했다.
② 2019년 재배면적은 2018년에 비해 무가 배추보다 더 감소했다.
③ 2019년 단위면적당 배추 생산량은 2018년에 비해 감소했다.
④ 2019년 단위면적당 무 생산량은 2018년에 비해 감소했다.

5 **다음은 노인의료비 지출을 나타낸 표이다. 이를 보고 추론할 수 없는 것은?**

(단위 : 천 원, %)

	65세 이상 노인의료비			전체의료비 중 노인의료비 구성비
	계	65~79세	80세 이상	
2009	19,332 (100)	12,564 (70)	5,768 (30)	17.0
2019	120,391 (100)	75,423 (63)	44,968 (37)	30.5

① 10년간 65세 이상 노인의료비는 6배 이상 증가했다.

② 10년간 전체의료비 중 노인의료비 비중은 13.5% 증가했다.

③ 10년간 노인의료비 증가율은 65~79세 노인이 80세 이상 노인보다 더 높다.

④ 2019년 전체의료비 중 노인의료비 비중은 30.5%이다.

6 **다음 표는 부사관 필기시험 합격자 100명의 언어논리력과 자료해석력의 성적에 대한 상관표이다. 합격자의 두 영역 성적을 합한 값의 평균에 가장 가까운 것은?**

언어논리력 \ 자료해석력	55점	65점	75점	85점	95점
95점	–	2명	2명	–	–
85점	6명	12명	10명	6명	–
75점	2명	8명	12명	10명	2명
65점	–	4명	6명	12명	–
55점	–	–	2명	4명	–

① 130　　② 140

③ 150　　④ 160

7 다음은 ㅇㅇ지역출신 100명의 학력을 조사한 것이다. 이 지역의 남성 중 고졸 이상의 학력을 가진 사람의 비율은?

학력 / 성별	초등학교 졸업	중학교 졸업	고등학교 졸업	대학교 졸업	합계
남성	10	35	35	30	110
여성	10	25	35	20	90
합계	20	60	70	50	200

① 약 25%　　② 약 30%

③ 약 35%　　④ 약 40%

8 다음은 1,000명을 대상으로 실시한 미래의 에너지원(원자력, 석탄, 석유) 각각의 수요 예측에 대한 여론조사를 실시한 자료이다. 이 자료를 통해 볼 때, 미래의 에너지 수요에 대한 이론을 옳게 설명한 것은?

수요 예상 정도	미래의 에너지원(단위 : %)		
	원자력	석탄	석유
많이	50	43	27
적게	42	49	68
잘 모름	8	8	5

① 앞으로 석유를 많이 사용해야 한다.

② 앞으로 석탄을 많이 사용해야 한다.

③ 앞으로 원자력을 많이 사용해야 한다.

④ 앞으로 원자력, 석유, 석탄을 모두 많이 사용해야 한다.

9 **다음 연도별 인구 분포 비율표에 대한 설명으로 옳지 않은 것은?**

구분 \ 연도	2017	2018	2019
평균 가구원 수	5.0명	3.5명	2.4명
광공업종사자 비율	56%	37%	21%
생산가능 인구비율	48%	55%	67%
노령 인구비율	5%	9%	12%

① 광공업종사자 비율을 보면 광공업의 경제적 비중이 감소하고 있음을 알 수 있다.

② 평균 가구원 수는 점차적으로 증가하고 있다.

③ 생산가능 인구비율의 증가는 경제발전과 관계가 있다.

④ 노령 인구의 증가는 노령화사회로 다가가고 있음을 시사한다.

※ 다음은 각 통신사별 휴대전화의 월 기본료 및 통화료에 대한 자료이다. 물음에 답하시오. 【10~11】

구분	월 기본료	통화료	
		주간	야간
S사	12,000원	60원/분	25원/분
K사	11,000원	40원/분	25원/분
L사	10,000원	50원/분	25원/분

10 **다음 중 야간만 사용할 경우 연간 사용료가 가장 저렴한 통신사는?**

① S사　　② K사
③ L사　　④ 모두 같다.

11 **다음 중 주간만 사용할 경우 한 달에 20,000원을 사용료로 낼 때 가장 통화시간이 긴 통신사는?**

① S사　　② K사
③ L사　　④ 모두 같다.

12 다음은 한국과 3개국의 교역량을 나타낸 표이다. 내용을 잘못 해석한 것은?

(단위 : 백 만 달러)

국가별	항목	1999	2009	2019
칠레	수출액	153	567	3,032
	수입액	208	706	4,127
이라크	수출액	42	2	368
	수입액	146	66	4,227
이란	수출액	131	767	4,342
	수입액	518	994	9,223

① 칠레와의 교역은 무역적자에서 흑자로 바뀐 적이 있다.

② 최근 10년간 이라크에 대한 수출액 증가율이 가장 높다.

③ 이라크와의 교역액은 크게 감소한 적이 있다.

④ 세 국가 중 이란과의 무역 적자가 가장 심각하다

13 어떤 고속 전철은 역을 출발하여 처음 10km 구간과 다음 역에 도착하기 전 10km 구간의 평균속력은 최고속력의 $\frac{1}{2}$ 배이고, 나머지 구간은 최고속력으로 일정하게 달린다고 한다. A, B 두 역 중간에 C 역을 새로 만들어 5분간 정차하면 A, B 사이를 운행하는데 11분이 더 걸린다고 할 때, 이 고속 전철의 최고속력은? (단, 모든 역 사이의 거리는 50km 이상이고, 속력의 단위는 km/시 이다.)

① 250 ② 200

③ 150 ④ 100

14 다음은 영 · 유아 수별 1인당 양육비 현황에 대한 표이다. 이를 보고 바르게 해석하지 못한 것은?

구분 \ 가구	영·유아 1인 가구	영·유아 2인 가구	영·유아 3인 가구
소비 지출액	2,141,000원	2,268,000원	2,360,000원
1인당 양육비	852,000원	662,000원	529,000원
총양육비	852,000원	1,324,000원	1,587,000원
소비 지출액 대비 총양육비 비율	39.8%	55.5%	69.0%

① 영·유아 수가 많은 가구일수록 1인당 양육비가 감소한다.

② 1인당 양육비는 영·유아가 3인 가구인 경우에 가장 많다.

③ 소비 지출액 대비 총양육비 비율은 영·유아 1인 가구인 경우에 가장 낮다.

④ 영·유아 1인 가구의 총 양육비는 영·유아 3인 가구의 총양육비의 절반을 넘는다.

15 다음은 국가별 자국 영화 점유율에 대한 도표이다. 이에 대한 설명으로 적절하지 않은 것은?

국가 \ 연도	2016	2017	2018	2019
한국	50.8%	42.1%	48.8%	46.5%
일본	47.7%	51.9%	58.8%	53.6%
영국	28.0%	31.1%	16.5%	24.0%
독일	18.9%	21.0%	27.4%	16.8%
프랑스	36.5%	45.3%	36.8%	35.7%
스페인	13.5%	13.3%	16.0%	12.7%
호주	4.0%	3.8%	5.0%	4.5%
미국	90.1%	91.7%	92.1%	92.0%

① 자국 영화 점유율에서, 유럽 국가가 한국을 앞지른 해는 한 번도 없다.

② 지난 4년간 자국 영화 점유율이 매년 꾸준히 상승한 국가는 하나도 없다.

③ 2016년 대비 2019년 자국 영화 점유율이 가장 많이 하락한 국가는 한국이다.

④ 2018년의 자국 영화 점유율이 해당 국가의 4년간 통계에서 가장 높은 경우가 절반이 넘는다.

16 다음 표는 소득 수준별 노인의 만성 질병수를 나타낸 것이다. 이에 대한 설명으로 올바르지 못한 것은?

소득 \ 질병 수	없다	1개	2개	3개 이상
50만 원 미만	3.7%	19.9%	27.3%	33.0%
50~99만 원	7.5%	25.7%	28.3%	26.0%
100~149만 원	8.3%	29.3%	28.3%	25.3%
150~199만 원	10.6%	30.2%	29.8%	20.4%
200~299만 원	12.6%	29.9%	29.0%	19.5%
300만 원 이상	15.7%	25.9%	25.4%	25.9%

① 소득이 가장 낮은 수준의 노인이 3개 이상의 만성 질병을 앓고 있는 비율이 가장 높다.
② 모든 소득 수준에서 만성 질병의 수가 3개 이상인 경우가 4분의 1을 넘는다.
③ 소득 수준이 높을수록 노인들이 만성 질병을 전혀 앓지 않을 확률은 높아진다.
④ 월 소득이 50만 원 미만인 노인이 만성 질병이 없을 확률은 5%에도 미치지 못한다.

17 다음은 아동과 청소년의 인구변화에 대한 표이다. 이에 대한 설명으로 적절한 것은?

연령 \ 연도	2009년	2014년	2019년
전체 인구	44,553,710	45,985,289	47,041,434
0~24세	18,403,373	17,178,526	15,748,774
0~9세	6,523,524	6,574,314	5,551,237
10~24세	11,879,849	10,604,212	10,197,537

① 전체 인구수가 증가하는 이유는 0~9세 아동 인구 때문이다.
② 전체 인구 중 25세 이상보다 24세 이하의 인구수가 많다.
③ 전체 인구 중 10~24세 사이의 인구가 차지하는 비율은 변화가 없다.
④ 전체 인구 중 24세 이하의 인구가 차지하는 비율이 지속적으로 감소하고 있다.

18 남녀 200명의 커피 선호 여부를 조사하였더니 다음과 같았다. 전체 조사 대상자 중 남자의 비율이 70%이고, 커피 선호자의 비율이 60%일 때 다음 설명 중 옳은 것은?

성별 \ 선호	선호자 수	비선호자 수	전체
남자	A	B	C
여자	D	20명	E
전체	F	G	200명

① $\frac{A}{B}=2$이다.

② 남자 커피 선호자는 여자 커피 선호자보다 3배 많다.

③ 남자가 여자보다 80명이 더 많다.

④ 남자의 커피 선호율이 여자의 커피 선호율보다 높다.

19 80톤의 물이 들어 있는 수영장에서 물을 양수기로 퍼내고 있다. 30톤을 퍼낸 후, 양수기에 이상이 생겨 1시간당 퍼내는 물의 양이 20톤이 줄었다. 수영장의 물을 모두 퍼내는 데 걸린 시간이 양수기에 이상이 생기지 않았을 경우의 예상시간보다 25분이 더 걸렸다면, 이상이 생기기 전 이 양수기의 시간당 퍼내는 물의 양이 몇 톤인가?

① 10
② 20
③ 40
④ 60

20 **다음은 민수가 운영하는 맞춤 양복점에서 발생한 매출액과 비용을 정리한 표이다. 이에 대한 설명으로 옳은 것은?**

(단위 : 만 원)

매출액		비용	
양복 판매	600	재료 구입	200
		직원 월급	160
양복 수선	100	대출 이자	40
합계	700	합계	400

※ 민수는 직접 양복을 제작하고 수선하며, 판매를 전담하는 직원을 한 명 고용하고 있음

㉠ 생산 활동으로 창출된 가치는 300만 원이다.
㉡ 생산재 구입으로 지출한 비용은 총 200만 원이다.
㉢ 서비스 제공으로 발생한 매출액은 700만 원이다.
㉣ 비용 400만 원에는 노동에 대한 대가도 포함되어 있다.

① ㉠㉡　　② ㉠㉢
③ ㉡㉢　　④ ㉡㉣

제2회 모의고사

☞ 정답 및 해설 p.179

☆ 공간능력

18문항/10분

※ 다음 입체도형의 전개도로 알맞은 것을 고르시오. 【1~4】

- 입체도형을 전개하여 전개도를 만들 때, 전개도에 표시된 그림(예 : ▮, ◢, ▬ 등)은 회전의 효과를 반영함. 즉, 본 문제의 풀이과정에서 보기의 전개도 상에 표시된 ▮과 ▬는 서로 다른 것으로 취급함.
- 단, 기호 및 문자(예 : ♤, ☎, ♨, K, H)의 회전에 의한 효과는 본 문제의 풀이과정에 반영하지 않음. 즉, 입체도형을 펼쳐 전개도를 만들었을 때 ☎의 방향으로 나타나는 기호 및 문자도 보기에서는 ☎ 방향으로 표시하며 동일한 것으로 취급함.

1

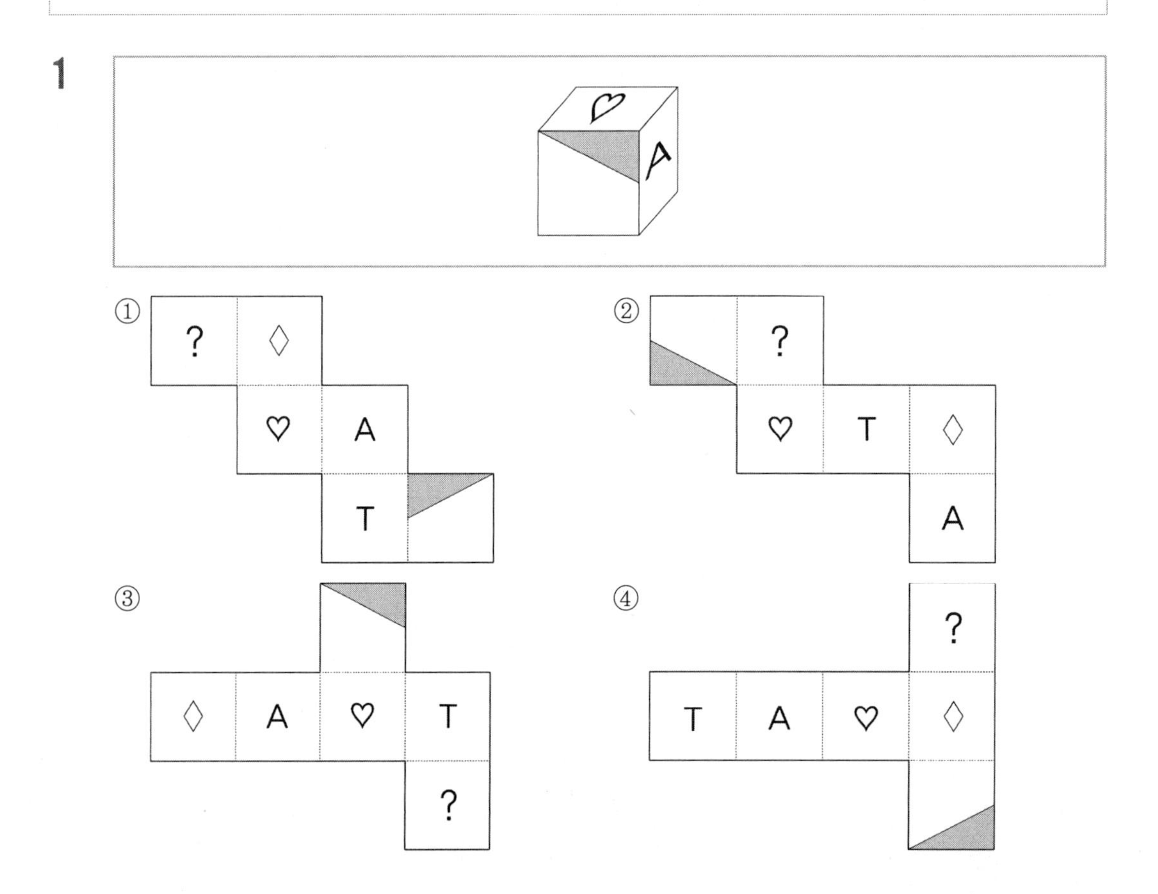

2

①

②

③

④

3

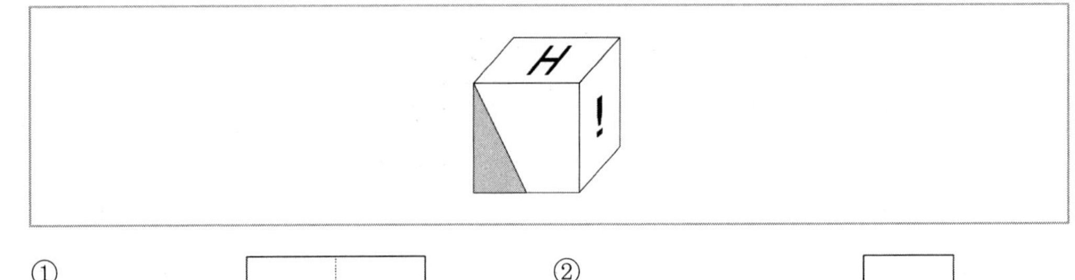

①

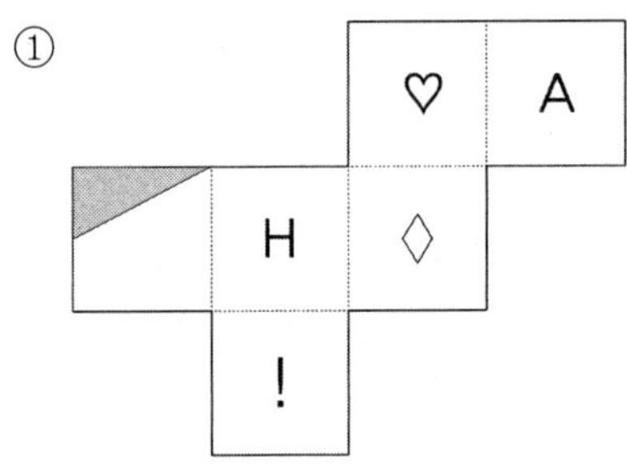

②

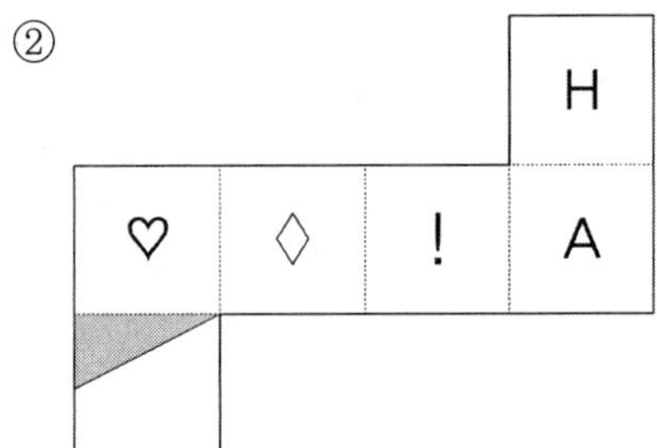

③

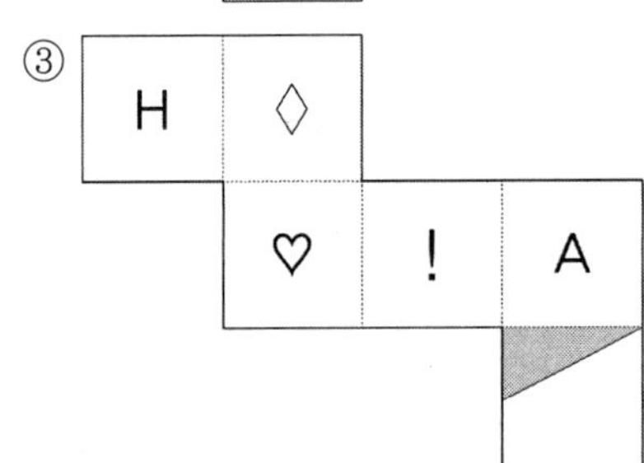

④

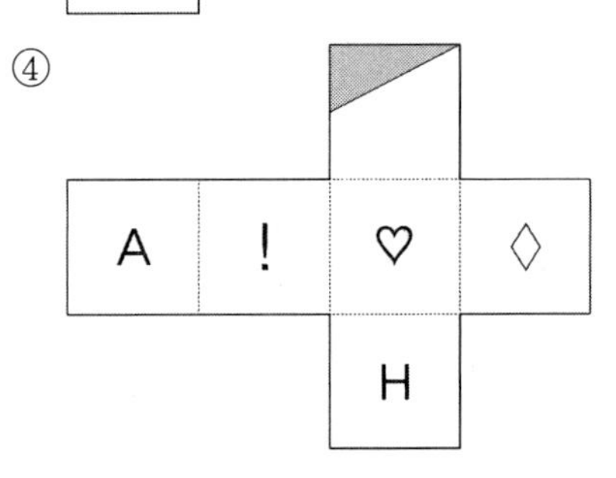

4

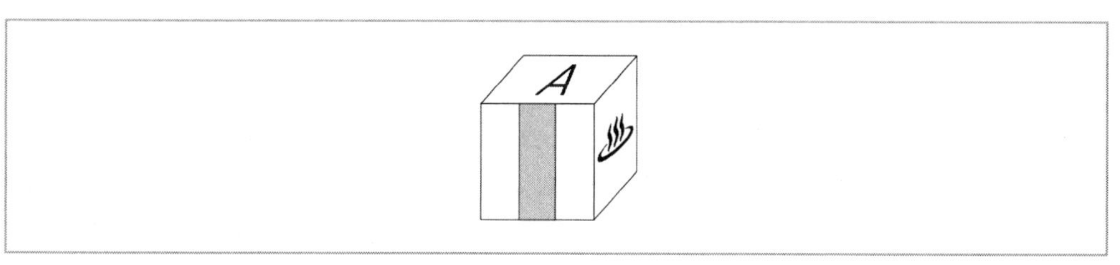

①

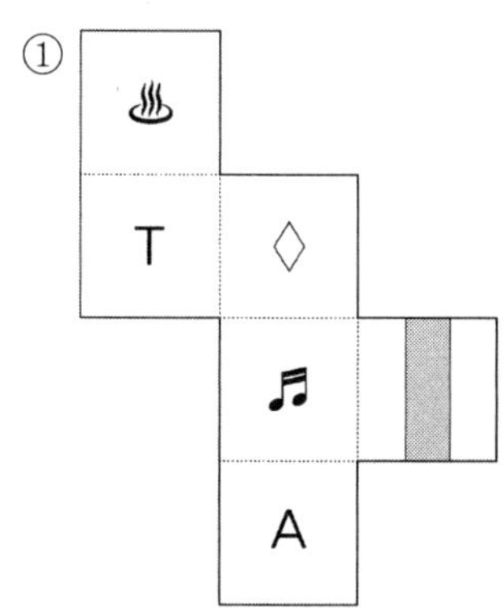

②

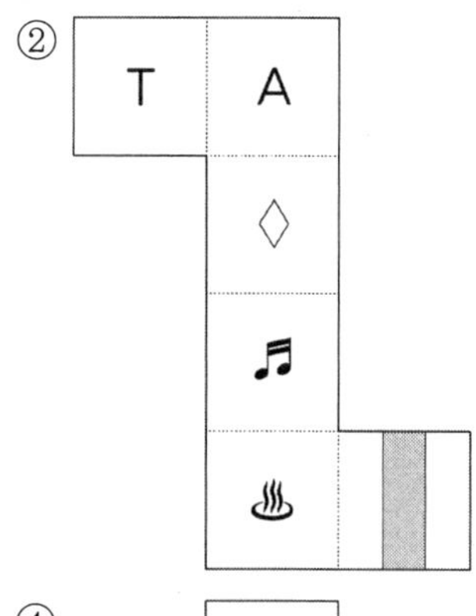

③

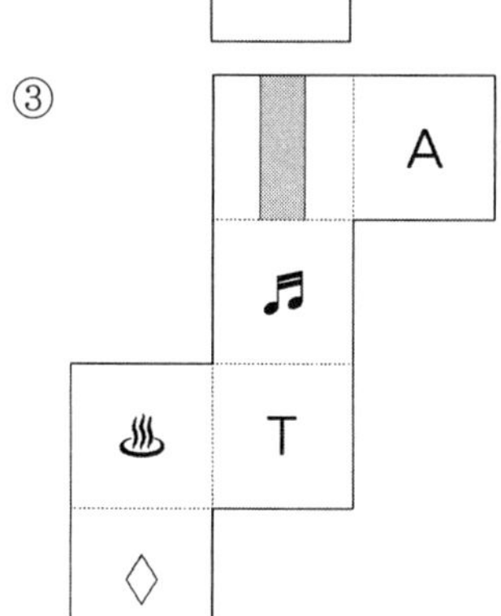

④

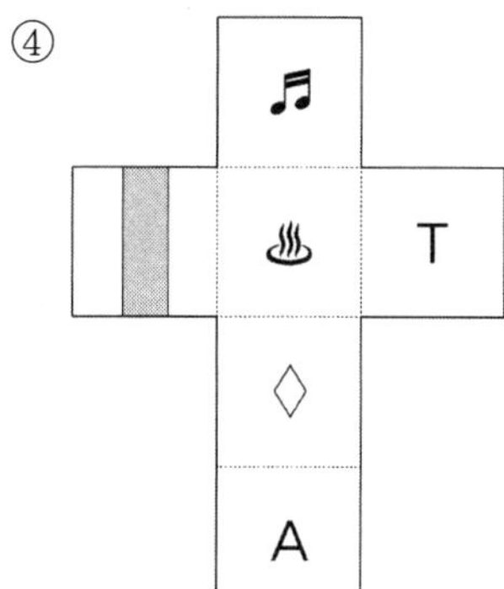

※ 다음 전개도로 만든 입체도형에 해당하는 것을 고르시오. 【5~9】

- 전개도를 접을 때 전개도 상의 그림, 기호, 문자가 입체도형의 겉면에 표시되는 방향으로 접음
- 전개도를 접어 입체도형을 만들 때, 전개도에 표시된 그림(예 : ▯, ◢, ▯ 등)은 회전의 효과를 반영함. 즉, 본 문제의 풀이과정에서 보기의 전개도 상에 표시된 ▯과 ▭는 서로 다른 것으로 취급함.
- 단, 기호 및 문자(예 : ♤, ☎, ♨, K, H)의 회전에 의한 효과는 본 문제의 풀이과정에 반영하지 않음. 즉, 전개도를 접어 입체도형을 만들었을 때 ☏의 방향으로 나타나는 기호 및 문자도 보기에서는 ☎ 방향으로 표시하며 동일한 것으로 취급함.

5

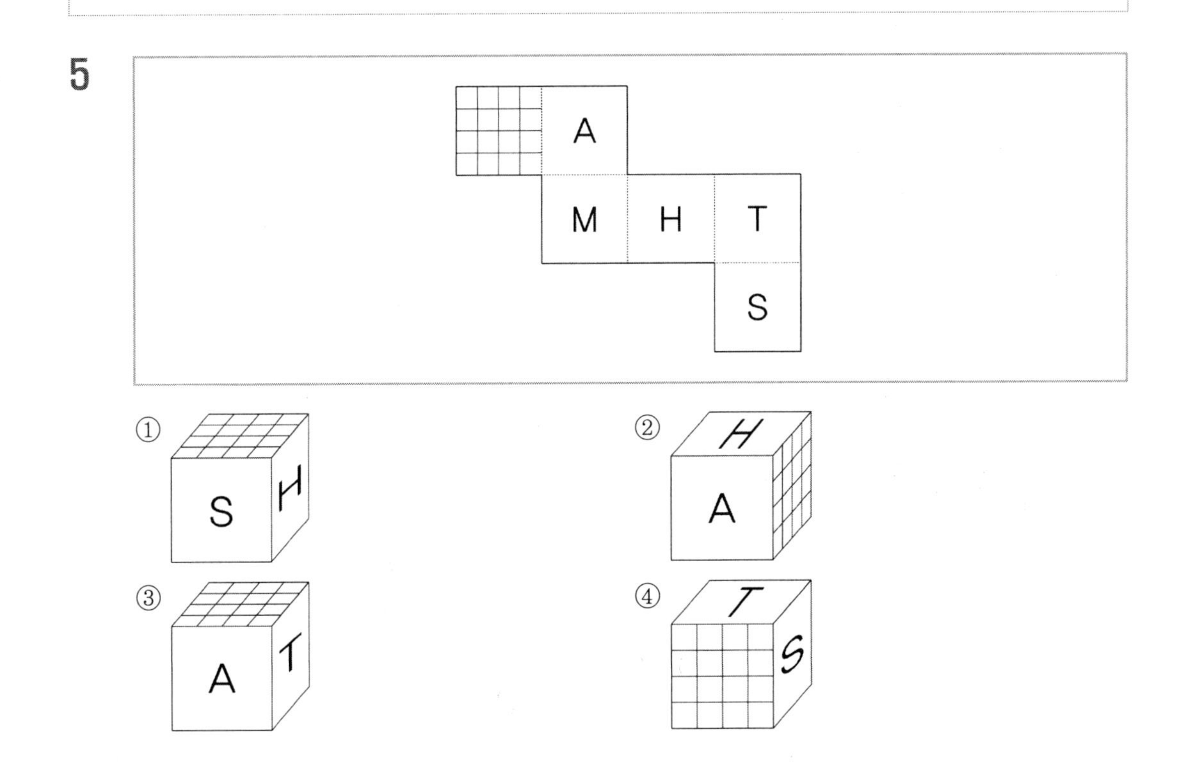

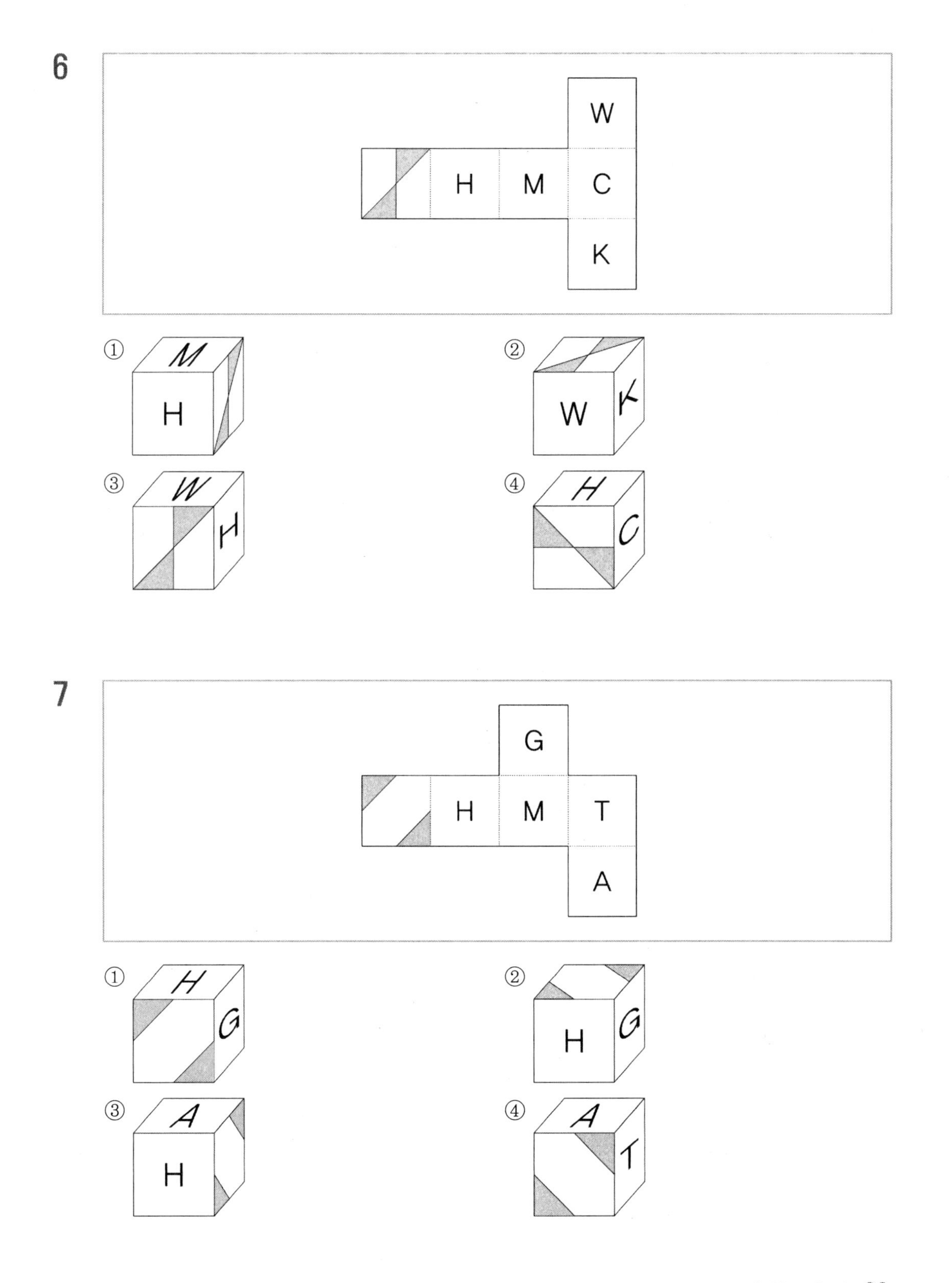
6
W
H
M
C
K
①
M
H
②
W
K
③
W
H
④
H
C
7
G
H
M
T
A
①
H
G
②
H
G
③
A
H
④
A
T

8

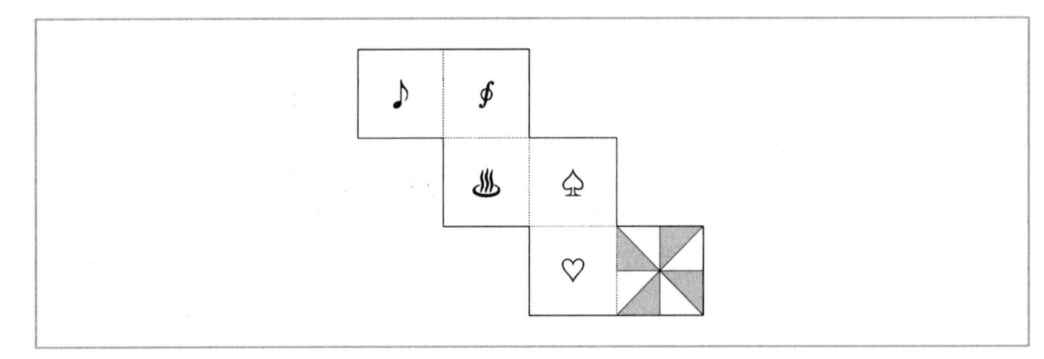

①
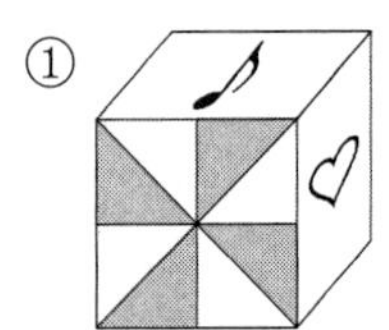

②
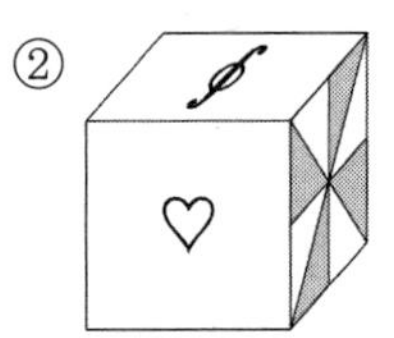

③
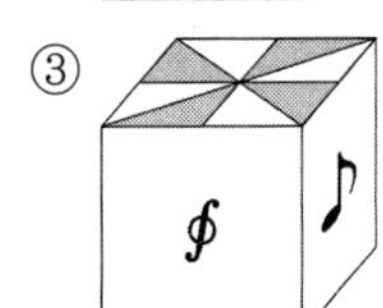

④
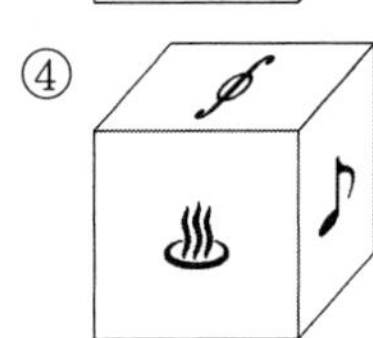

9

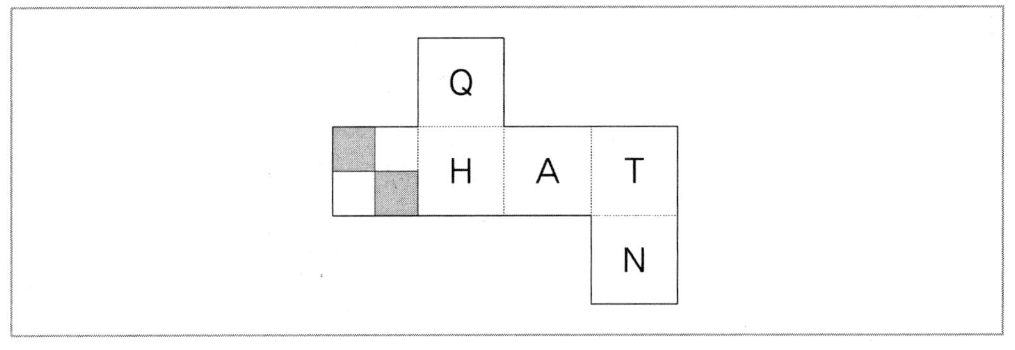

①
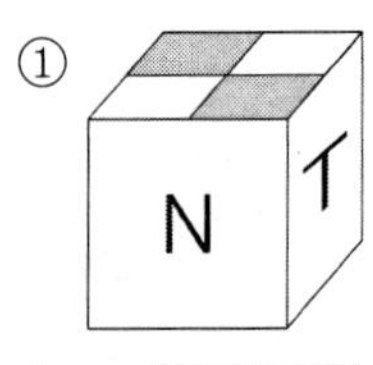

②
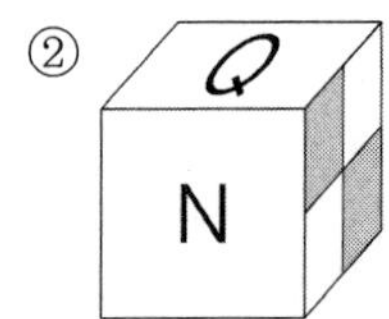

③
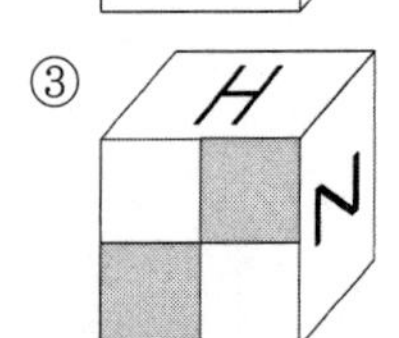

④
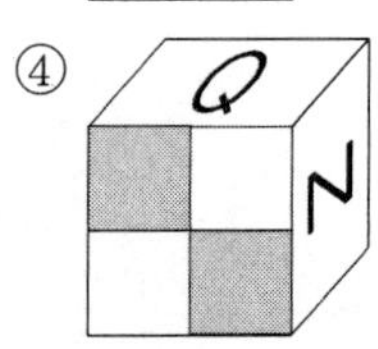

※ 다음 아래에 제시된 그림과 같이 쌓기 위해 필요한 블록의 수를 고르시오. 【10~14】 (단, 블록은 모양과 크기는 모두 동일한 정육면체이다)

10

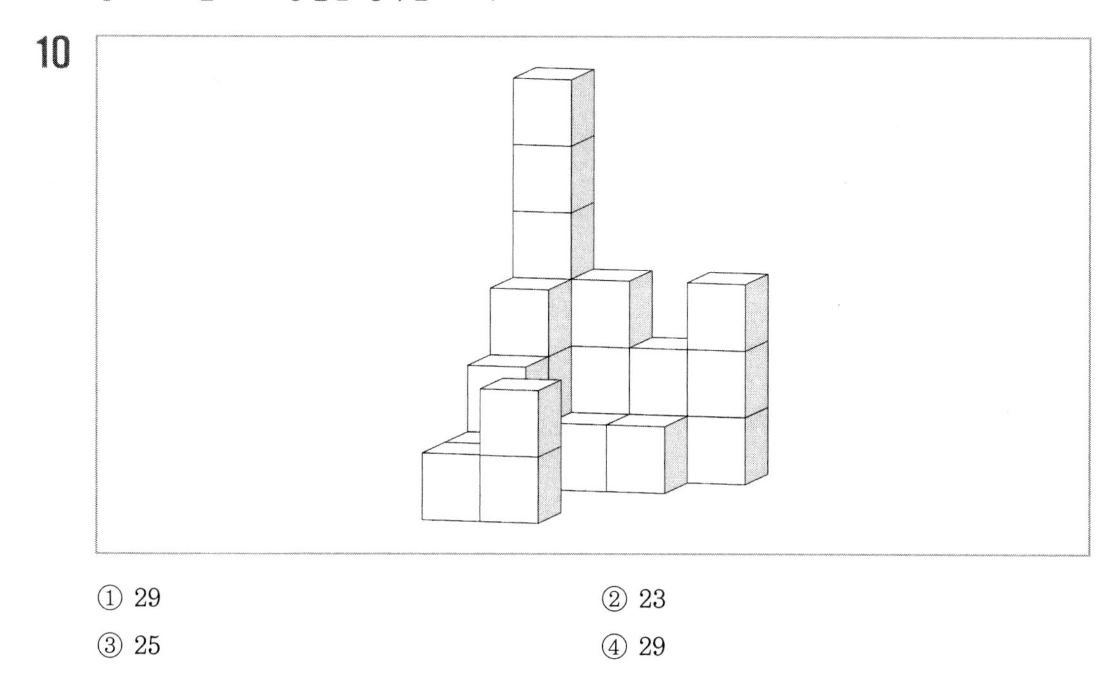

① 29 ② 23
③ 25 ④ 29

11

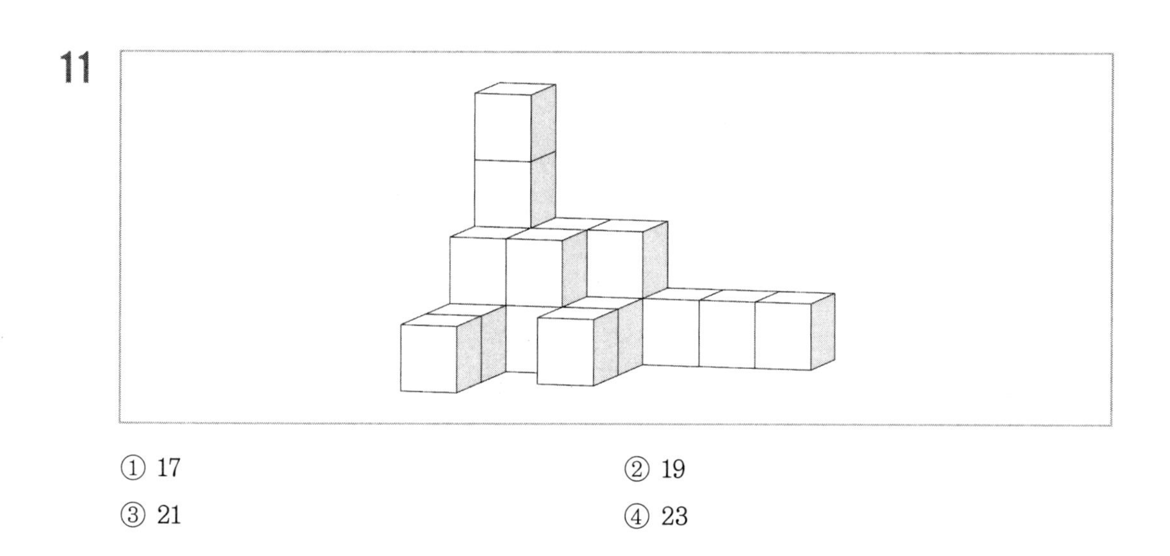

① 17 ② 19
③ 21 ④ 23

12

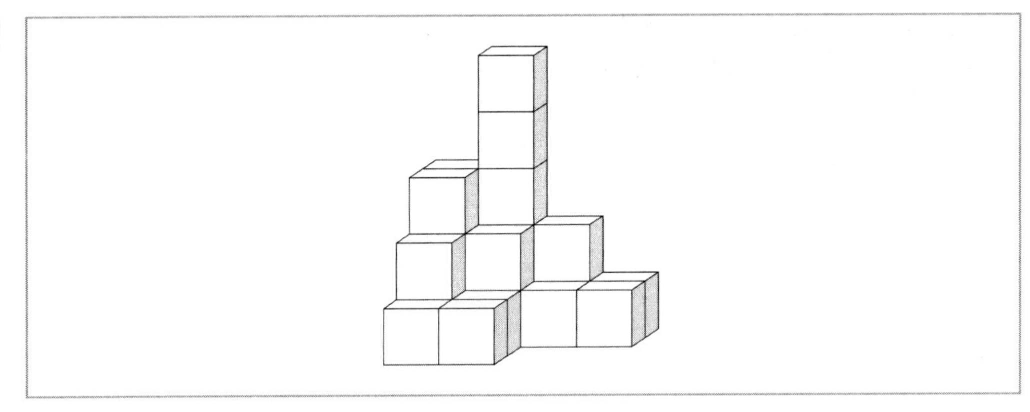

① 22 ② 23

③ 24 ④ 25

13

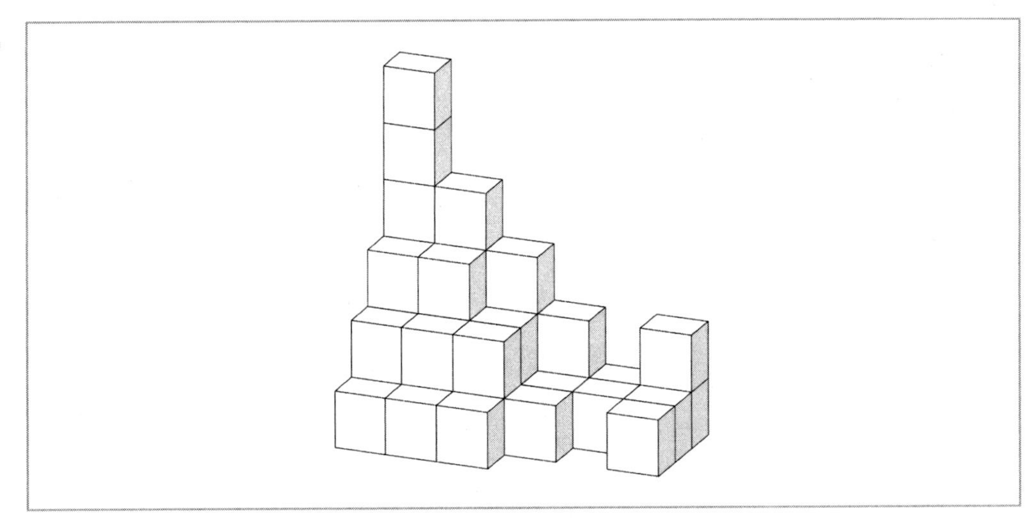

① 25 ② 30

③ 35 ④ 40

14

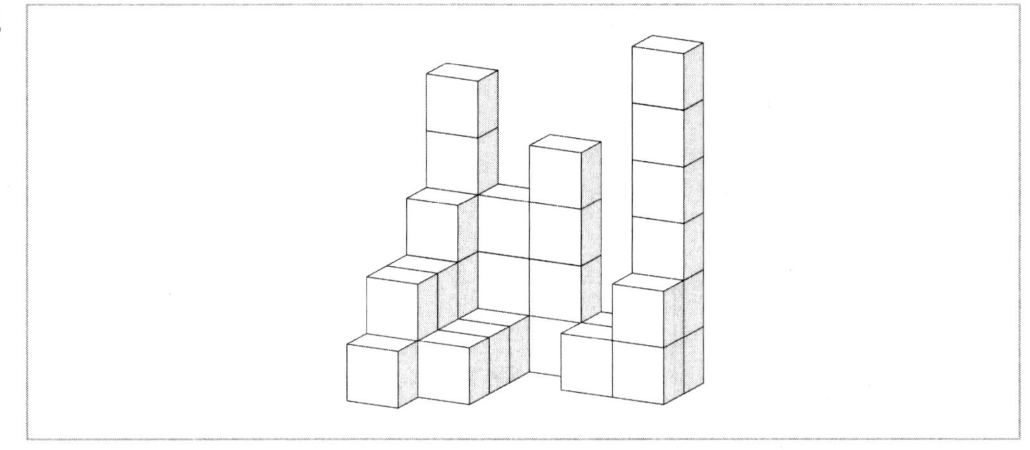

① 29
② 30
③ 32
④ 33

※ 아래에 제시된 블록들을 화살표 표시한 방향에서 바라봤을 때의 모양으로 알맞은 것을 고르시오. 【15~18】

- 블록은 모양과 크기는 모두 동일한 정육면체임
- 바라보는 시선의 방향은 블록의 면과 수직을 이루며 원근에 의해 블록이 작게 보이는 효과는 고려하지 않음

15

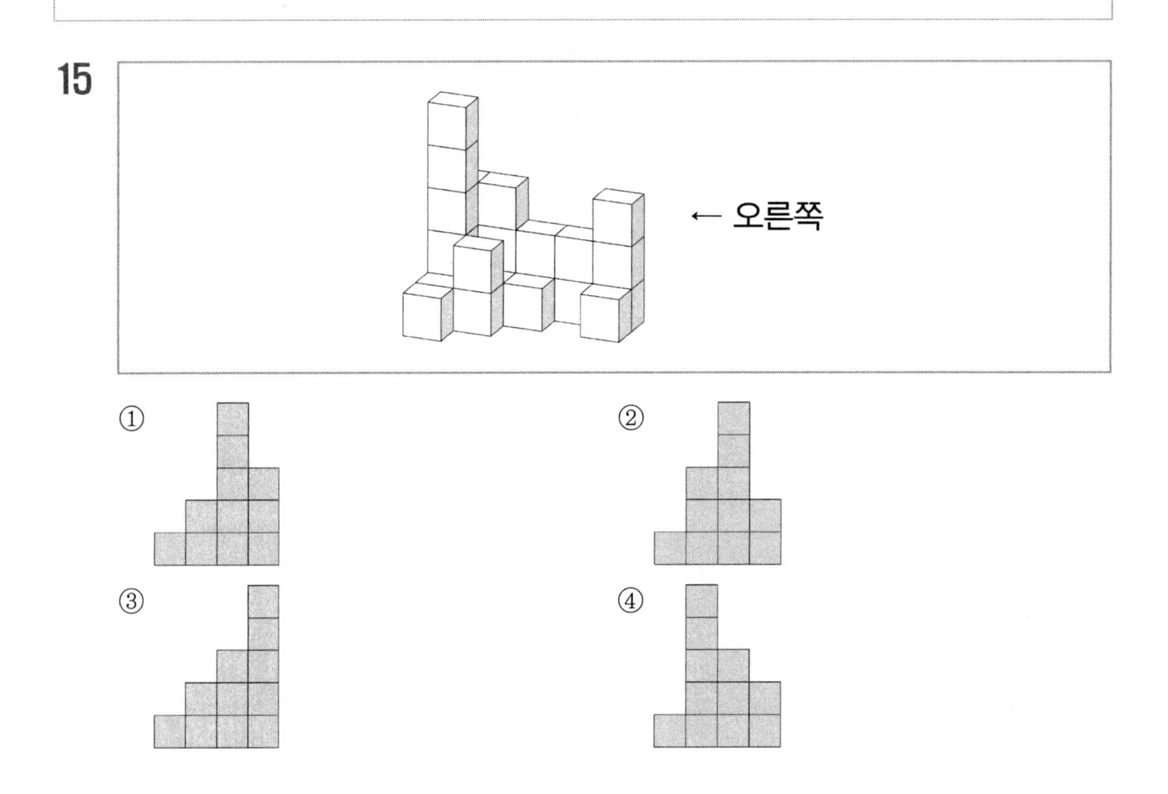

16

왼쪽 →

① 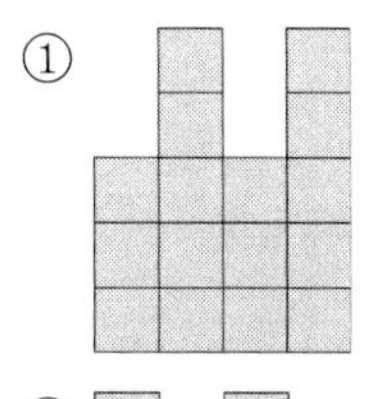

② 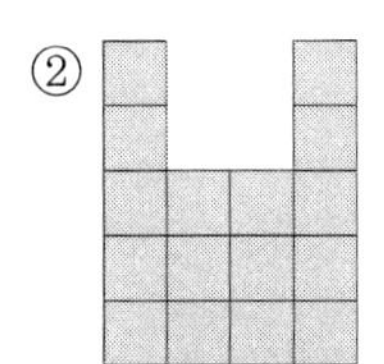

③ 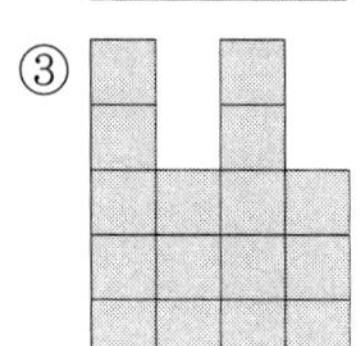

④ 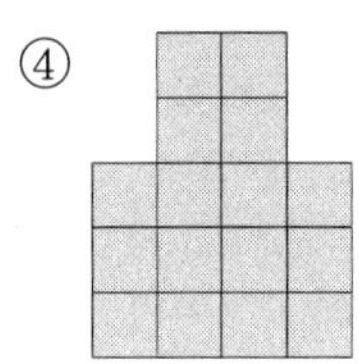

17

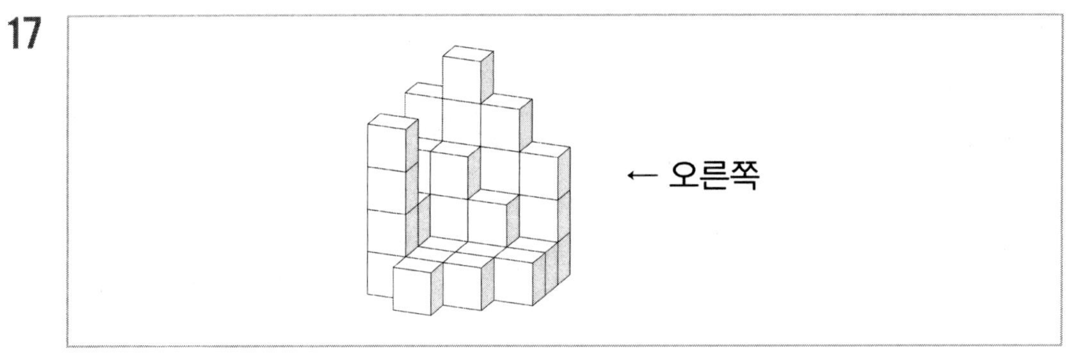

① 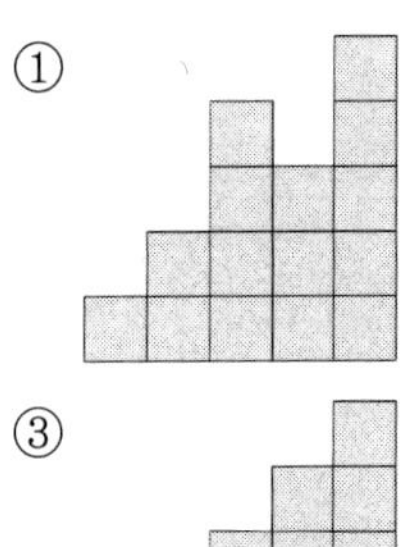

② 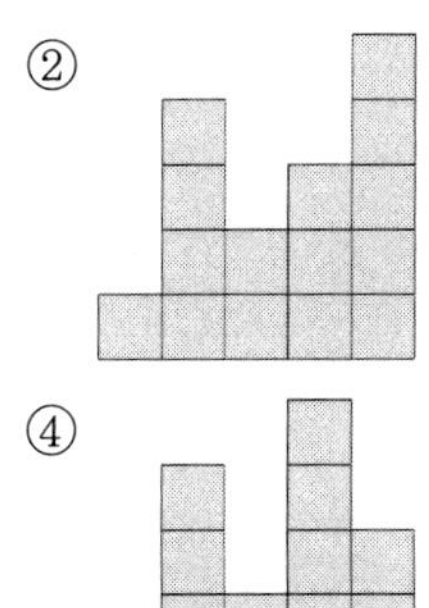

③

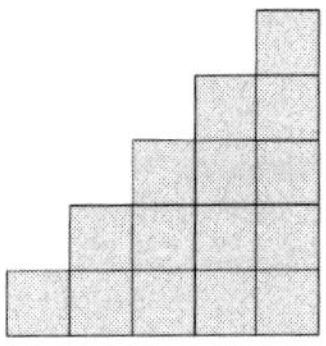

④

18

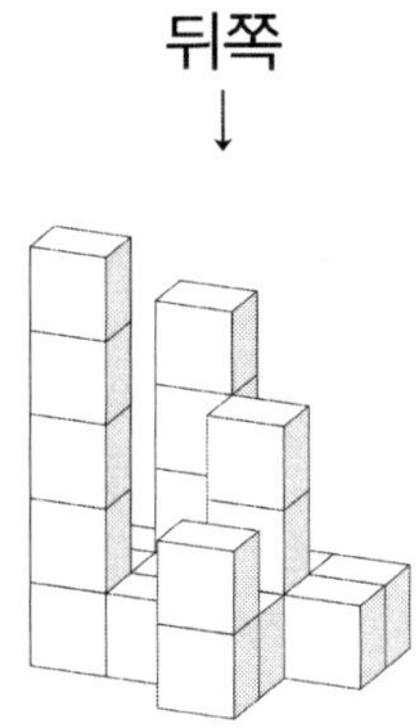

뒤쪽
↓

①

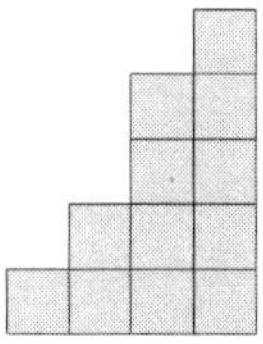

②

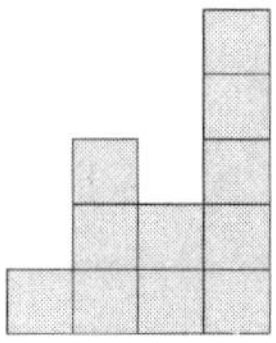

③

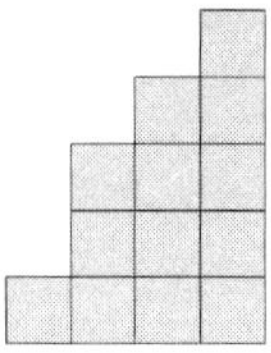

④

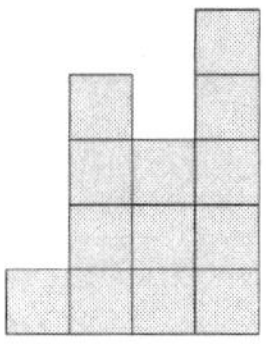

☆ 지각속도

30문항/3분

※ 아래 〈보기〉의 왼쪽과 오른쪽 기호의 대응을 참고하여 각 문제의 대응이 같으면 답안지에 '① 맞음'을, 틀리면 '② 틀림'을 선택하시오. 【1~5】

〈보기〉

가 = rk	다 = ek	라 = fk	바 = qk
너 = sj	머 = aj	서 = tj	어 = dj

1

가 머 어 라 바 – rk aj dj fk qk

① 맞음　　② 틀림

2

다 바 너 서 가 – ek qk sk tj rk

① 맞음　　② 틀림

3

머 너 어 바 서 – aj sj dj fk tj

① 맞음　　② 틀림

4

바 다 너 라 가 – qk ek sj fk rk

① 맞음 ② 틀림

5

서 가 머 어 바 – tj rk aj sj qk

① 맞음 ② 틀림

※ 각 문제의 왼쪽에 표시된 굵은 글씨체의 기호, 문자, 숫자의 개수를 모두 세어 오른쪽 개수에서 찾으시오. 【6~10】

6

9 1596704689546987231579143

① 2개 ② 3개
③ 4개 ④ 5개

7

ㅏ 복숭아꽃 살구꽃 아기 진달래

① 2개 ② 4개
③ 6개 ④ 8개

8

d	Oil and water do not blend

① 2개　② 3개
③ 4개　④ 5개

9

四	詐社事思査史四士死詞巳四捨伺乍

① 1개　② 2개
③ 3개　④ 4개

10

◓	◒◕◔◓◔◒◕●◓◔◓◕◔◓●

① 2개　② 3개
③ 4개　④ 5개

※ 다음 〈보기〉에 주어진 문자와 숫자의 대응 참고하여 각 문제의 대응이 같으면 답안지에 '① 맞음'을, 틀리면 '② 틀림'을 선택하시오. 【11～15】

〈보기〉

日	目	自	百	月	火	口	母	子	水	犬	父	大	木	太	夫	全	金	玉	土
(1)	(2)	(3)	(4)	(5)	(6)	(7)	(8)	(9)	(10)	(11)	(12)	(13)	(14)	(15)	(16)	(17)	(18)	(19)	(20)

11

火 子 犬 木 全 – (6) (9) (11) (14) (17)

① 맞음　② 틀림

12

大 土 口 夫 目 – (13) (20) (7) (16) (2)

① 맞음 ② 틀림

13

太 金 百 月 犬 母 – (11) (18) (4) (5) (11) (9)

① 맞음 ② 틀림

14

木 水 日 夫 自 玉 – (14) (10) (1) (16) (2) (19)

① 맞음 ② 틀림

15

父 母 子 金 百 土 口 – (12) (8) (9) (18) (4) (20) (7)

① 맞음 ② 틀림

※ 다음 〈보기〉에 주어진 문자와 숫자의 대응 참고하여 각 문제의 대응이 같으면 답안지에 '① 맞음'을, 틀리면 '② 틀림'을 선택하시오. 【16~20】

〈보기〉

ㅏ	ㅑ	ㅓ	ㅕ	ㅗ	ㅛ	ㅜ	ㅠ	ㅡ	ㅣ	ㅐ	ㅒ	ㅔ	ㅖ	ㅚ	ㅙ	ㅘ	ㅟ	ㅝ	ㅢ
1	20	16	14	3	13	2	10	19	15	4	9	5	17	6	11	18	12	7	8

16

ㅗ ㅐ ㅠ ㅓ ㅢ － 3 4 10 14 8

① 맞음 ② 틀림

17

ㅑ ㅘ ㅣ ㅖ ㅝ － 20 18 15 5 7

① 맞음 ② 틀림

18

ㅓ ㅡ ㅒ ㅟ ㅕ ㅜ － 16 19 9 12 14 2

① 맞음 ② 틀림

19

ㅘ ㅕ ㅙ ㅝ ㅛ ㅏ － 18 14 11 7 13 1

① 맞음 ② 틀림

20

ㅠ ㅡ ㅗ ㅑ ㅟ ㅓ ㅓ ㅖ – 10 19 3 20 12 8 16 17

① 맞음　　② 틀림

※ 아래 〈보기〉의 왼쪽과 오른쪽 기호의 대응을 참고하여 각 문제의 대응이 같으면 답안지에 '① 맞음'을, 틀리면 '② 틀림'을 선택하시오. 【21～25】

〈보기〉

∴ = a	∵ = b	∶ = c	∷ = d	∹ = e
∺ = j	∻ = i	≑ = h	≒ = g	≓ = f

21

∴ ∹ ∷ ∻ ≒ – a e d i f

① 맞음　　② 틀림

22

∶ ∴ ≒ ≑ ∺ – c a g h l l

① 맞음　　② 틀림

23

≑ ∷ ∹ ≓ ∵ – h d c f b

① 맞음　　② 틀림

24

∻ ≓ ∺ ≑ ∴ ∶ – i f j g b c

① 맞음　　② 틀림

25

∵ ∷ ∺ ∹ ≑ ∶ ≓ – b d j e h c f

① 맞음　　② 틀림

※ 다음 〈보기〉에서 각 문제의 왼쪽에 표시된 굵은 글씨체의 기호, 문자, 숫자의 갯수를 모두 세어 오른쪽 개수에서 찾으시오. 【26~30】

26

0	549751045408404897510640548106

① 1개　　② 2개
③ 4개　　④ 6개

27

ㅁ	최선을 다하려는 사람이라면 좋겠어

① 2개　　② 4개
③ 6개　　④ 8개

28

m	Dinosaurs became extinct a long time ago

① 2개　　② 4개

③ 6개　　④ 8개

29

丑	子丑寅卯酉子丑酉辰蛇午子未丑申酉戌丑亥子

① 1개　　② 2개

③ 3개　　④ 4개

30

↰	↱ ↳↲ ↦ ↳↰ ↻↶↴↲ ↰ ↖⇅ ↳↰ ↗→↑↔↰

① 1개　　② 2개

③ 3개　　④ 4개

☆ 언어논리

25문항/20분

※ 다음 중 아래의 밑줄 친 ㉠과 같은 의미로 사용된 것을 고르시오. 【1~5】

1

사람의 마음이 옮겨지고 바뀌는 것이 이와 같을까? 남의 물건을 빌려서 하루아침 소용에 대비하는 것도 이와 같거든, 하물며 참으로 자기가 가지고 있는 것이랴. 그러나 사람이 가지고 있는 것이 어느 것이나 ㉠빌리지 아니한 것이 없다. 임금은 백성으로부터 힘을 빌려서 높고 부귀한 자리를 가졌고, 신하는 임금으로부터 권세를 빌려 은총과 귀함을 누리며, 아들은 아비로부터, 지어미는 지아비로부터, 비복(婢僕)은 상전으로부터 힘과 권세를 빌려서 가지고 있다.

① 마당에서 잔다고 멍석 빌려 달라는 과객은 생전 처음 본다.
② 머리는 빌릴 수 있으나 건강은 빌릴 수 없다.
③ 그는 수필이라는 형식을 빌려 자기의 속 이야기를 풀어 갔다.
④ 이 자리를 빌려 감사의 말씀을 드립니다.
⑤ 보고서를 쓰기 위해 어제 도서관에서 책을 빌려 왔다.

2

'광야'는 일제 강점기 암울했던 시대에도 뜻을 굽히지 않고 자신이 생각하는 ㉠옳은 방향을 지향했던 시인의 의지가 잘 드러난 작품이다.

① 옳은 상차림이 쉬운 줄 아느냐?
② 자네의 말이 옳으면 그것을 수렴하고 내 설명이 옳으면 자네가 납득해야 하네.
③ 한복을 옳게 입었니?
④ 네 손에 농락당하느니 차라리 목숨을 끊는 게 옳겠다 싶다.
⑤ 인생이란 그냥 달리기라기보다는 장애물 경주라는 편이 옳을 것이다.

3

"나는 당신을 처음 보았을 때, 대단히 인상이 마음에 ㉠들었습니다. 뭐 어떻게 생각지 마십시오. 나는 동생처럼 여겨졌다는 말입니다. 만일 남한에 오는 경우에, 개인적인 조력을 제공할 용의가 있습니다. 어떻습니까?" 명준은 고개를 쳐들고, 반듯하게 된 천막천장을 올려다본다. 한층 가락을 낮춘 목소리로 혼잣말 외듯 나직이 말할 것이다.

① 언 고기가 익는 데에는 시간이 좀 드는 법이다.
② 속옷에 파란 물이 들었다.
③ 합격자 명단에 내 이름이 들어 있다.
④ 노란 봉지에 어머니의 약이 들었다.
⑤ 일단 마음에 드는 사람이 있으면 적극적으로 나설 작정이다.

4

영상매체가 지배하는 문명은 피상적이고, 피상적 문명의 의미는 공허하며, 공허한 문명은 곧 문명의 죽음을 ㉠가져오게 된다. 깊은 의미를 지닌 문명과, 인간적으로 보다 충족된 삶을 위해서 영상매체의 완전한 지배에 저항해야 할 것이다. 아무리 영상매체가 발달되더라도 의미 있는 문명이 살아있는 한 인쇄매체는 어떤 형태로든 살아남을 것이다. 그러나 우리의 문명과 삶이 공허한 것이 되지 않도록 하기 위해서 보다 더 적극적으로 없어서는 안 될 책의 기능을 의식하고, 보다 나은 책을 더 많이 창조하고, 책에 담긴 풍요롭고 깊은 가치를 발견하고 음미하는 습관을 잊지 않는 노력이 한결 더 요청된다.

① 동생은 풀기 어려운 문제는 늘 나에게 가져오곤 했다.
② 그는 하인에게 술과 안주를 가져오기를 명하였다.
③ 컴퓨터 산업의 획기적 발전은 인류의 문화생활에 엄청난 변화를 가져왔다.
④ 당장 회사 편집실로 가서 원고를 가져와 보셔도 압니다.
⑤ 지성은 그 은행에 거래를 많이 하는 부자라 은행장도 특별히 대접하여 돈을 그리로 가져오라고 한 것이다.

5

> 한국의 농촌 여성들은 이 밖에도 온가족의 옷을 직접 만들고, 온갖 음식을 만들고, 무거운 공이와 절구를 사용하여 벼를 찧고, 무거운 짐 보따리를 머리에 이고 장에 가며, 물을 길어오고, 먼 거리에 있는 밭에 나가 일을 하고, 늦게 ㉠자고 일찍 일어나며, 실을 잣고 베를 짠다. 게다가 이들은 예외 없이 아이를 많이 낳는데, 아이가 세 살이 될 때까지 젖을 먹인다. 농촌 여성들은 삶의 즐거움이 별로 없다고 말할 수 있다. 이들은 고된 가사를 며느리에게 물려줄 때까지 그저 묵묵히 일만 하는 존재에 불과하다. 그들은 서른에 벌써 쉰 살은 먹어 보이고, 마흔 살이 되면 이가 거의 빠진다. 몸단장을 해야겠다는 생각마저도 아주 이른 나이에 잊어버리고 만다.

① 하늘은 구름 한 점 없었고 바람조차 자는 청명한 날씨였다.
② 파업으로 공장 기계가 모두 자고 있다.
③ 그는 장내 분위기가 자기를 기다렸다가 이야기를 꺼냈다.
④ 그는 아까 자려고 펴놓았던 자리를 다시 개켰다.
⑤ 금고에 자는 돈을 끌어내어 산업에 투자하도록 해야 한다.

6 **다음의 자료에 대한 반응으로 적절한 것은?**

> • 키가 큰 친구의 동생을 만났다.
> → 키가 큰, 친구의 동생을 만났다. ……………………………… ㉠
> • 엄마는 사과와 귤 두 개를 주셨다.
> → 엄마는 사과 하나와 귤 두 개를 주셨다. ……………………… ㉡
> • 오빠와 동생은 선생님을 찾아갔다.
> → 오빠와 동생은 함께 선생님을 찾아갔다. ……………………… ㉢
> • 그는 어제 고향에서 온 친구를 만났다.
> → 그는 고향에서 온 친구를 어제 만났다. ………………………… ㉣
> • 이번 시험에서 답을 몇 개 쓰지 못했다.
> → 이번 시험에서 답을 몇 개밖에 쓰지 못했다. …………………… ㉤

① ㉠은 쉼표를 추가하여 꾸미는 대상이 분명히 드러나도록 고친 것이군.
② ㉡은 다의어를 다른 단어로 대체함으로써 과일의 수를 분명히 드러냈군.
③ ㉢은 조사를 첨가하여 의미가 두 가지로 해석되는 것을 방지하였군.
④ ㉣은 적절한 단어를 추가하여 의미가 분명하게 드러나도록 고친 것이군.
⑤ ㉤은 어순을 변경하여 부정의 대상이 분명히 드러나도록 고친 것이군.

7 다음의 설명을 읽고 '피동 표현'의 예를 가장 적절하게 표현한 것은?

> 피동 표현은 주체가 남에 의해 어떤 동작을 당하는 것을 나타낸 표현이다. 예를 들어 '토끼가 호랑이에게 잡혔다.'라는 문장은 주체가 스스로 한 행동이 아니라 남에 의해 '잡는' 동작을 당하는 것을 표현하고 있으므로 피동 표현이다.

① 밧줄을 세게 당기다.
② 동생의 머리를 감기다.
③ 아이에게 밥을 먹이다.
④ 후배가 선배를 놀리다.
⑤ 태풍에 건물이 흔들리다.

8 다음의 주장을 비판하기 위한 근거로 적절하지 않은 것은?

> 영어는 이미 실질적인 인류의 표준 언어가 되었다. 따라서 세계화를 외치는 우리가 지구촌의 한 구성원이 되기 위해서는 영어를 자유자재로 구사할 수 있어야 한다. 더구나 경제 분야의 경우 국가간의 경쟁이 치열해지고 있는 현재의 상황에서 영어를 모르면 그만큼 국가가 입는 손해도 막대하다. 현재 우리 나라가 영어 교육을 강조하는 것은 모두 이러한 이유 때문이다. 따라서 우리가 세계 시민의 일원으로 그 역할을 다하고 우리의 국가 경쟁력을 높여가기 위해서는 영어를 국어와 함께 우리 민족의 공용어로 삼는 것이 바람직하다.

① 한 나라의 국어에는 그 민족의 생활 감정과 민족 정신이 담겨 있다.
② 외국식 영어 교육보다 우리 실정에 맞는 영어 교육 제도를 창안해야 한다.
③ 민족 구성원의 통합과 단합을 위해서는 단일한 언어를 사용하는 것이 바람직하다.
④ 세계화는 각 민족의 문화적 전통을 존중하는 문화 상대주의적 입장을 바탕으로 해야 한다.
⑤ 경제인 및 각 분야의 전문가들만 영어를 능통하게 구사해도 국가간의 경쟁에서 앞서 갈 수 있다.

9 다음 중 어법에 맞는 문장은?

① 정부에서는 청년 실업 문제를 해결하기 위한 대책을 마련 하는 중이다.
② 만약 인류가 불을 사용하지 않아서 문명 생활을 지속할 수 없었다.
③ 나는 원고지에 연필로 십 년 이상 글을 써 왔는데, 이제 바뀌게 하려니 쉽지 않다.
④ 풍년 농사를 위한 저수지가 관리 소홀과 무관심으로 올 농사를 망쳐 버렸습니다.
⑤ 내가 말하고 싶은 것은 체력 훈련을 열심히 해야 우수한 성적을 올릴 수 있을 것이다.

10 문맥에 가장 잘 어울리는 어휘를 고른 것으로 적절하지 않은 것은?

겸재 정선은 가세가 (①몰락한/전락한/타락한) 양반 가문 출신이다. 어려서부터 그림에 (특출한/ 탁월한/②각별한) 재주가 있었던 그는 벼슬길에 올라 화가로서는 드물게 (개혁적/③파격적/혁신적)으로 높은 벼슬을 지냈다. 또한 예술을 즐기는 당대의 문인들과도 가깝게 지냈는데, 이는 그의 작품 세계를 넓히는 (견인력/구심력/④원동력)이 되었다. 그의 작품 세계는 정선 화풍의 형성기인 50대 전반까지의 제1기, 정선 화풍의 완성기인 60대 후반까지의 제2기, 세련미의 절정을 이루는 80대까지의 제3기로 구분되는데, 말년으로 갈수록 그 깊이가 더해져 (능숙한/⑤완숙한/정숙한) 경지를 보여준다.

※ 다음 글을 읽고 물음에 답하시오. 【11~12】

유명한 인류 언어학자인 워프는 "언어는 우리의 행동과 사고의 양식을 결정하고 주조(鑄造)한다."고 하였다. 그것은 우리가 실세계를 있는 그대로 보고 경험하는 것이 아니라 언어를 통해서 비로소 인식한다는 뜻이다. 예를 들면, 광선이 프리즘을 통과했을 때 나타나는 색깔인 무지개색이 일곱 가지라고 생각하는 것은 우리가 색깔을 분류하는 말이 일곱 가지이기 때문이라는 것이다. 우리 국어에서 초록, 청색, 남색을 모두 푸르다(혹은 파랗다)고 한다. '푸른(파란) 바다', '푸른(파란) 하늘' 등의 표현이 그것을 말해 준다. 따라서, 어린이들이 흔히 이 세 가지 색을 혼동하고 구별하지 못하는 일도 있다. 분명히 다른 색인데도 한 가지 말을 쓰기 때문에 그 구별이 잘 안 된다는 것은, 말이 우리의 사고를 지배한다는 뜻이 된다. 말을 바꾸어서 우리는 언어를 통해서 객관의 세계를 보기 때문에 우리가 보고 느끼는 세계는 있는 그대로의 객관의 세계라기보다, 언어에 반영된 주관 세계라는 것이다. 이와 같은 이론은 '언어의 상대성 이론'이라고 불리워 왔다.

이와 같은 이론적 입장에 서 있는 사람들은 다음과 같은 말도 한다. 인구어(印歐語) 계통의 말들에는 열(熱)이라는 말이 명사로서는 존재하지만 그에 해당하는 동사형은 없다. 따라서, 지금까지 수백 년 동안 유럽의 과학자들은 열을 하나의 실체(實體)로서 파악하려고 노력해 왔다(명사는 실상을 가진 물체를 지칭하는 것이 보통이므로). 따라서, '열'이 실체가 아니라 하나의 역학적 현상이라는 것을 파악하기까지 오랜 시일이 걸린 것이다. 아메리카 인디언 말 중 호피 어에는 '열'을 표현하는 말이 동사형으로 존재하기 때문에 만약 호피 어를 하는 과학자가 열의 정체를 밝히려고 애를 썼다면 열이 역학적 현상에 지나지 않는 것이지 실체가 아니라는 사실을 쉽사리 알아냈을 것이라고 말한다. 그러나 실제로는 언어가 그만큼 우리의 사고를 철저하게 지배하는 것은 아니다. 물론 언어상의 차이가 다른 모양의 사고 유형이나, 다른 모양의 행동 양식으로 나타나는 것은 사실이지만 그것이 절대적인 것은 아니다. 앞에서 말한 색깔의 문제만 해도 어떤 색깔에 해당되는 말이 그 언어에 없다고 해서 전혀 그 색깔을 인식할 수 없는 것은 아니다. 진하다느니 연하다느니 하는 수식어를 붙여서 같은 종류의 색깔이라도 여러 가지로 구분하는 것이 그 한 가지 예다. 물론, 해당 어휘가 있는 것이 없는 것보다 인식하기에 빠르고 또 오래 기억할 수 있는 것이지만 해당 어휘가 없다고 해서 인식이 불가능한 것은 아니다. 언어 없이 사고가 불가능하다는 이론도 그렇다. 생각은 있으되, 그 생각을 표현할 적당한 말이 없는 경우도 얼마든지 있으며, 생각은 분명히 있지만 말을 잊어서 표현에 곤란을 느끼는 경우도 흔한 것이다. 음악가는 언어라는 매개를 통하지 않고 작곡을 하여 어떤 생각이나 사상을 표현하며, 조각가는 언어 없이 조형을 한다. 또, 우리는 흔히 새로운 물건, 새로운 생각을 이제까지 없던 새말로 만들어 명명하기도 한다.

11 **윗글은 어떤 질문에 대한 대답으로 볼 수 있는가?**

① 언어와 사고는 어떤 관계에 있는가?
② 문법 구조와 사고는 어떤 관계에 있는가?
③ 개별 언어의 문법적 특성은 무엇인가?
④ 언어가 사고 발달에 끼치는 영향은 무엇인가?
⑤ 동일한 대상에 대한 표현이 언어마다 왜 다른가?

12 **윗글의 논지 전개 방식에 대한 설명으로 옳은 것은?**

① 자기 이론의 단점을 인정하고 다른 의견으로 보완하고 있다.
② 하나의 이론을 소개한 다음 그 이론의 한계를 지적하고 있다.
③ 대립하는 두 이론 가운데 한 쪽의 논리적 정당성을 강조하고 있다.
④ 대상에 대한 인식의 시대적 변화 과정을 체계적으로 서술하고 있다.
⑤ 난립하는 여러 이론의 단점을 극복한 새로운 이론을 도출하고 있다.

※ 다음 글을 읽고 물음에 답하시오. 【13~14】

일제 침략과 함께 우리말에는 상당수의 일본어가 그대로 들어와 우리말을 오염시켰다. 광복 후 한참 뒤까지도 일본말은 일상 언어생활에서 예사로 우리의 입에 오르내렸다. 일제 35년 동안에 뚫고 들어온 일본어를 한꺼번에 우리말로 바꾸기란 여간 힘든 일이 아니었다. '우리말 도로 찾기 운동'이라든가 '국어 순화 운동'이 지속적으로 전개되어 지금은 특수 전문 분야를 제외하고는 일본어의 찌꺼기가 많이 사라졌다. 원래, 새로운 문물이 들어오면, 그것을 나타내기 위한 말까지 따라 들어오는 것은 자연스런 일이다. 그 동안은 우리나라가 때로는 주권을 잃었기 때문에, 때로는 먹고 사는 일에 바빴기 때문에, 우리의 가장 소중한 정신적 문화유산인 말과 글을 가꾸는 데까지 신경을 쓸 수 있는 형편이 못되었었지만, 지금은 사정이 달라졌다. 일찍이 주시경 선생은, 말과 글을 정리하는 일은 집안을 청소하는 일과 같다고 말씀하셨다. 집안이 정리가 되어 있지 않으면 정신마저 혼몽해지는 일이 있듯이, 우리말을 갈고 닦지 않으면 국민정신이 해이해지고 나라의 힘이 약해진다고 보았던 것이다. 이러한 정신이 있었기 때문에, 일제가 통치하던 어려운 환경 속에서도 우리 선학들은 우리말과 글을 지키고 가꾸는 일에 혼신의 정열을 기울일 수 있었던 것이다. 나는 얼마 전, 어느 국어학자가 정년을 맞이하면서 자신과 제자들의 글을 모아서 엮어 낸 수상집의 차례를 보고, 우리말을 가꾸는 길이란 결코 먼 데 있는 것이 아니라는 사실을 깊이 깨달은 일이 있다. 차례를 '첫째 마당, 둘째 마당', '첫째 마디, 둘째 마디'와 같은 이름을 사용하여 꾸몄던 것이다. 일상생활에서 흔히 쓰는 '평평하게 닦아 놓은 넓은 땅'을 뜻하는 '마당'에다 책의 내용을 가른다는 새로운 뜻을 준 것이다. 새로운 낱말을 만들 때에는 몇몇 선학들이 시도했듯이 '매, 가름, 목'처럼 일상어와 인연을 맺기가 어려운 것을 쓰거나, '엮, 묶'과 같이 낱말의 한 부분을 따오는 방식보다는 역시 일상적으로 쓰는 말에 새로운 개념을 불어넣는 방식을 취하는 것이 언어 대중의 기호를 충족시킬 수 있겠다고 생각된다. 내가 어렸을 때, 우리 고장에서는 시멘트를 '돌가루'라고 불렀다. 이런 말들은 자연적으로 생겨난 훌륭한 우리 고유어인데도 불구하고, 사전에도 실리지 않고 그냥 폐어가 되어 버렸다. 지금은 고향에 가도 이런 말을 들을 수 없으니 안타깝기 그지없다. 고속도로의 옆길을 가리키는 말을 종전에 써 오던 용어인 '노견'에서 '갓길'로 바꾸어 언중이 널리 사용하는 것을 보고, '우리의 언어생활도 이제 바른 방향을 잡아 가고 있구나.' 하고 생각했던 적이 있다.

13 윗글의 내용을 통해 알 수 있는 내용이 아닌 것은?

① 일제 침략 이후 우리나라에 많은 일본어가 들어와 사용되었다.

② 일제 치하에서 우리의 말과 글을 가꾸는 것은 쉽지 않은 일이었다.

③ 주시경 선생은 우리의 말과 글을 가꾸기 위한 구체적 방법을 제시하였다.

④ 국어학을 전공하지 않은 사람들에 의해서도 외래어를 대체할 수 있는 우리말이 만들어졌다.

⑤ 일본어의 잔재를 청산하기 위한 지속적인 노력으로 우리말 가꾸기에 적지 않은 성과가 있었다.

14 윗글의 내용으로 보아, 우리말을 가꾸기 위한 방안을 제시할 때 가장 적절한 것은?

① 우리말을 오염시키는 외래어는 모두 고유어로 바꾸도록 하자.

② 새롭게 낱말을 만들 때에는 낱말의 한 부분을 따오도록 하자.

③ 언중이 쉽게 받아들일 수 있는 고유어를 적극 살려 쓰도록 하자.

④ 한자어는 이미 우리말로 굳어졌으니까 일본어에서 유래된 말만 고유어로 다듬도록 하자.

⑤ 억지로 하면 부작용이 클 수 있으니까 대중 사회에서 자연스럽게 언어 순화가 이루어지도록 놓아두자.

※ 다음 글을 읽고 물음에 답하시오. 【15~16】

한 나라에서 사는 사람들끼리 서로 방언 때문에 의사소통이 안 된다거나 오해가 생긴다면 큰 문제가 아닐 수 없다. 그래서 국가에서는 특정 시대, 특정 지역, 특정 계층에서 사용하는 말을 정하여, 모든 국민이 배우고 쓸 수 있게 하는데, 이렇게 인위적으로 정한 말을 표준어라고 한다. 우리나라는 "표준어는 교양 있는 사람들이 두루 쓰는 현대 서울말로 정함을 원칙으로 한다."라고 규정하였다. 여기에서 '교양 있는 사람들'이라는 말은 계급적 조건을 나타내며, '현대'라는 말은 시대적 조건을 나타낸다. 이미 쓰이지 않게 된 말은 표준어가 될 수 없으며, 우리들이 살고 있는 시대에 두루 쓰이고 있는 말이 표준어가 된다. 예를 들어, '머귀나무, 오동나무' 중에서 현대에는 '머귀나무'는 쓰이지 않으므로, '오동나무'가 표준어다. '서울'은 지역적 조건을 나타내는데, 이곳은 문화적 · 정치적 중심지이므로 여기에서 쓰이는 말이 전국 방언의 대표가 될 만하다고 인정한 것이다. 그러나 서울말이라고 해서 모두 표준어가 되는 것은 아니다. 서울말에도 방언이 존재하기 때문이다. 한편, 시골말이라도 표준어가 되는 것이 있다. 이와 같이 모든 규정에는 예외가 있을 수 있으므로, '원칙으로 한다.'고 하였다. 표준어는 우리나라의 공용어로서 국민의 의사소통을 원활하게 해 주며, 국어 순화에도 기여한다. 반면, 방언은 서로 다른 지역에서 사는 사람들끼리 의사소통하기가 어려운 점이 있지만 다음과 같이 중요한 가치를 지니고 있다. 우선, 표준어도 여러 방언 중에서 대표로 정해진 것이므로 방언이 없으면 표준어의 제정이 무의미하다. 그리고, 방언은 실제로 언중(言衆)들이 사용하는 국어이므로, 그 속에는 국어의 여러 가지 특성이 그대로 드러난다. 또한, 방언 속에는 옛말이 많이 남아 있어서, 국어의 역사를 연구하는 데 큰 도움을 준다. 아울러, 방언은 특정한 지역이나 계층의 사람끼리 사용하기 때문에 그것을 사용하는 사람들 사이에 친근감을 느끼게 해준다. 또한, 방언 속에는 우리 민족의 정서와 사상이 들어 있어서, 민족성과 전통, 풍습을 이해하는 데 도움을 준다. 방언이 문학 작품에서 사용되면 현장감을 높일 수 있고 작품의 향토적 분위기를 조성하는 데 이바지할 수 있으며, 독자의 흥미를 높이는 역할을 하기도 한다. 유구한 역사의 바탕 위에 풍부한 문화를 누리고, 교양을 갖춘 국민으로서, 표준어를 사용하는 것은 의무이며 권리다. 그러나 특별한 경우에 방언을 사용하는 일도 의의 있는 일이며, 학문적으로 연구하는 일도 게을리 할 수 없는 일임을 알아 두어야 할 것이다.

15 위 글에서 확인할 수 없는 것은?

① 방언의 가치
② 표준어의 조건
③ 표준어의 기능
④ 방언 연구의 방법
⑤ 표준어 제정의 필요성

16 위 글의 전제로 볼 수 없는 것은?

① 언어는 의사소통의 기본 수단이다.
② 언어는 시간의 흐름에 따라 변한다.
③ 언어는 그 사회의 문화를 반영한다.
④ 언어는 의미와 음성이 결합된 기호이다.
⑤ 언어는 사회적 필요에 따라 맺어진 약속이다.

※ 다음 글을 읽고 물음에 답하시오. 【17~18】

인류 종교사에 나타나는 종교적 신념 체계는 다양한 유형으로 나타난다. 이 유형 간의 관계를 균형 있게 이해할 때 우리는 시대정신과 신념 체계와의 관계를 구조적으로 밝힐 수 있다. 그러면 이 유형들의 주된 관심사와 논리적 태도를 살펴보자. 먼저 기복형은 그 관심이 질병이나 재앙과 같은 현세의 사건을 구체적으로 해결해 보려는 행위로 나타난다. 그러므로 이 사유 체계에서는 삶의 이상이 바로 현세적 조건에 놓여진다. 현세의 조건들이 모두 충족된 삶은 가장 바람직한 이상적 삶이 되는 것이다. 따라서 기복 행위는 비록 내세의 일을 빈다 할지라도 내세의 이상적 조건을 현세의 조건에서 유추한다. 이와 같은 기복사상은 현세적 삶의 조건을 확보하고 유지하는 것을 중심 과제로 여기기 때문에 철저히 현실 조건과 사회 질서를 유지하려는 경향이 강하다. 이 때문에 주술적 기복 행위는 근본적으로 이기적 성격을 지니며 행위자의 내면적 덕성의 함양은 그 관심 밖에 머무는 것이다. 다음으로 구도형은 인간 존재의 실존적 제약에 대한 인식을 바탕으로 이상적인 자아 완성을 추구하는 존재론적 문제에 관심을 집중한다. 이러한 사상 체계에서는 현실적 조건과 이상 사이의 커다란 차이를 인식하고 그것을 바탕으로 현세적 조건들을 재해석한다. 그 결과 우주와 사회와 인간이 하나의 원칙에 의해서 동일한 질서를 유지하고 있다는 신념, 이른바 우주관을 갖게 된다. 그런데 이 같은 전인적 이상과 진리의 실천이라는 목표를 달성하기 위해 구도자에게 극기와 고행이 요구된다. 또한 고행은 그의 실천 자체가 중대한 의미를 지니며 전인적 목표와 동일한 의미를 갖는다. 때문에 구도자의 주된 관심은 전인적 이상과 진리의 실천이며 세속적 일들과 사회적 사건은 그의 관심 밖으로 밀려 나가게 된다. 끝으로 개벽형은 이상 세계의 도래를 기대하며 그 때가 올 것을 준비하는 일에 관심이 집중된다. 이상 세계가 오면 지금까지의 사회적 문제들과 개인 생존의 어려움이 모두 일거에 해결된다고 믿는다. 현재의 사회 조건과 이상적 황금시대의 조건과 차이가 심하면 심할수록 새 시대의 도래는 극적이며 시대의 개벽은 더 장엄하고 그 충격은 더 크게 마련이다. 그러므로 개벽사상은 사회의 본질적 변혁을 추구하는 개혁 의지와 이상 사회에 대한 집단적 꿈이 깃들여 있다. 이러한 개벽 사상에서는 주술적 생존 동기나 구도적 고행주의는 한낱 무기력하고 쓸모없는 덕목으로 여겨질 뿐이다. 개벽 사상은 한마디로 난세의 철학이며 난세를 준비하는 혁명 사상인 것이다. 한 종교 사상 안에는 이와 같은 세 유형의 신념 체계가 공존하고 있다. 그 중의 하나가 특별히 강조되거나 둘 또는 세 개의 유형이 동시에 강조되어 그 사상의 지배적 성격을 결정하는 것이다. 기복, 구도, 개벽의 삼대 동기는 사실 인간의 종교적 염원의 삼대 범주를 이루고 있다. 인간이 근원적으로 희망하는 것이 있다면 이 세 개의 형태로 나타날 것이다. 그러므로 이 삼대 동기가 동시에 공존하면서 균형을 유지할 때 가장 조화된 종교 사상을 이루게 된다.

17 **위 글이 어떤 질문에 대한 대답의 글이라고 할 때 그 질문으로 가장 적절한 것은?**

① 종교는 현실을 어떻게 반영하는가?
② 종교와 인간의 본성은 어떤 관계가 있는가?
③ 종교는 인간의 신념을 어떻게 구현하고 있는가?
④ 종교는 인간의 이상을 얼마만큼 실현시킬 수 있는가?
⑤ 종교의 변화는 시대적 상황에 얼마나 영향을 받는가?

18 **위 글의 내용과 일치하지 않는 것은?**

① 기복형은 현세적 조건의 만족을 추구하는 신념 체계이다.
② 윤리적, 도덕적 덕성의 함양은 신념 체계의 공통된 목표이다.
③ 구도형은 우주와 사회와 인간이 동일한 질서를 유지하고 있다고 믿는다.
④ 개벽형은 현실의 문제와 이상 세계의 괴리감에 대한 각성을 기반으로 한다.
⑤ 인간의 삶과 현실의 문제에 대한 대응 방식은 신념 체계에 따라 다양하게 나타난다.

※ 다음 글을 읽고 물음에 답하시오. 【19~20】

1990년 인간 게놈 프로젝트가 시작되었을 때 대부분의 과학자들은 인간의 유전자 수를 10만 개로 추정했다. 인간 DNA보다 1,600배나 작은 DNA를 가진 미생물이 1,700개의 유전자를 가지고 있었으므로 인간처럼 고등 생물의 기능을 가지려면 유전자 수가 적어도 10만 개는 돼야 한다고 생각했던 것이다. 그러나 2003년 국제 컨소시엄은 인간의 모든 유전자를 밝혔다고 하면서 인간의 유전자 수는 겨우 3만~4만 개라고 발표하였다. 그 후 더욱 정밀한 연구를 거쳐 인간의 유전자 수는 2만~2만 5천 개라고 공식적으로 발표하였다. 이것은 식물인 애기 장대와 비슷하고 선충이나 초파리보다 겨우 몇 백 개에서 몇 천 개가 많은 데 불과하다. 즉 인간의 유전자 수는 다른 생물체에 비해 그다지 많지 않음이 밝혀진 것이다. 사실 인간이 우월하다는 관점은 생명 현상에서만 본다면 적절하지 않다. 후각이나 힘, 추위에 견디는 능력 등 특정 능력 면에서 인간은 여타의 생물체에 비해 우월하다고 볼 수 없기 때문이다. 그렇지만 새로운 것을 창조하는 창의력과 아이디어, 문화 등에서 인간이 다른 생물보다 월등하게 뛰어난 것은 틀림없는 사실이다.
여타의 생물과 확연하게 구별되는 탁월한 능력의 소유자인 인간이 유전자 수에서는 왜 다른 생물과 별 차이가 없는 것일까? 이에 대한 대답으로 먼저, 인간의 유전자는 '슈퍼 유전자'라는 견해가 있다. 인간의 유전자는 다른 생물보다 더 많은 단백질을 만들어냄으로써 더 뛰어난 기능, 더 새로운 기능을 창조할 수 있다는 것이다. 독일의 스반테 파보 박사 연구팀은 인간과 침팬지의 기억 단백질을 만드는 유전자를 비교한 결과 인간 유전자의 기억 단백질을 만드는 능력이 침팬지의 그러한 능력보다 두 배나 높다는 사실을 밝혀냈다. 연구팀은 이 차이가 인간과 침팬지의 기억 능력에 대한 차이를 설명할 수 있을 것으로 보았다. 다음으로 인간의 유전자 수는 선충, 초파리 등과 비슷하지만, 만들어진 단백질은 다른 생물의 단백질과는 달리, 동시에 여러 가지 기능을 할 수 있다는 주장이 있다. 다시 말해 인간의 유전자는 축구 선수로 치면 공격, 수비, 허리를 가리지 않는 '멀티 플레이어'라는 것이다. 또 인간의 단백질은 여러 개의 작은 단백질이 조합을 이루어 어떤 일을 하는 '팀 플레이' 형태 즉, 다른 하등 생물에 비해 훨씬 분업화되고 전문화된 형태로 협력하도록 진화한 것이라는 견해가 있다. 실제로 선충에는 하나의 거대한 단백질이 특정한 하나의 일을 하는 경우가 많다. 축구로 말한다면 뛰어난 개인기를 가진 스타가 혼자 경기를 이끌어 가는 것이다. 그러나 인간의 단백질은 여러 개의 작은 단백질들이 업무를 분담하여 전문적으로 자신의 역할을 수행한다는 것이다. 이러한 사실들은 결국 인간의 DNA에 있는 유전자의 수가 중요한 것이 아니라, DNA에서 만들어지는 단백질의 종류와 다중 역할, 단백질들이 만드는 네트워크의 복잡성이 다른 생물에 비해 월등히 뛰어남으로써 인간을 우월하게 만드는 요소가 되고 있음을 보여주는 것이다.

19 위 글의 내용과 일치하는 것은?

① 초파리의 유전자 수는 인간의 유전자 수와 같다.
② 인간에 비해 하등 생물의 단백질은 분업화되어 있다.
③ 생명 현상의 관점에서 볼 때, 인간은 모든 동물의 영장임이 밝혀졌다.
④ 유전자를 연구한 과학자들은 인간과 선충의 유전자 수 차이가 매우 크다는 사실에 놀랐다.
⑤ 게놈 연구 초기에 과학자들은 고등 생물의 유전자 수가 하등 생물보다 많을 것이라고 생각했다.

20 위 글의 중심 내용으로 가장 적절한 것은?

① 인간의 진화
② 인간의 창의성
③ 인간 유전자의 특성
④ 인간의 단백질 형성 과정
⑤ 인간과 초파리 유전자의 차이점

21 다음 속담과 공통적으로 뜻이 통하는 성어는?

- 빈대 잡으려다 초가삼간 태운다.
- 쥐 잡다 장독 깬다.
- 소 뿔 바로 잡으려다 소 잡는다.

① 설상가상(雪上加霜)
② 견마지로(犬馬之勞)
③ 교왕과직(矯枉過直)
④ 도로무익(徒勞無益)
⑤ 침소봉대(針小棒大)

22 **'직업의 이모저모에 대하여'라는 제목으로 글을 쓰기 위해 직업을 분류하였다. 분류 기준으로 알맞은 것은?**

> Ⅰ그룹 : 변호사, 농부, 어부, 광부, 상인, 회사원, 작가, 예술가, 회계사
> Ⅱ그룹 : 군인, 경찰, 철도 기관사, 판사, 검사, 교사, 일반 공무원

① 소득이 높은 직업인가? 소득이 낮은 직업인가?
② 사회적 지위가 높은 직업인가? 낮은 직업인가?
③ 자격증을 필요로 하는 직업인가? 그렇지 않은 직업인가?
④ 육체적 노동을 요하는 직업인가? 정신적 노동을 요하는 직업인가?
⑤ 사적인 일을 수행하는 직업인가? 공적인 일을 수행하는 직업인가?

23 **'과학 기술의 발달'을 대상으로 하여 표현하려고 한다. 〈보기〉의 의도를 잘 반영하여 표현한 것은?**

> 〈보기〉
> ㉠ 비유와 대조의 방법을 사용한다.
> ㉡ 대상이 지니고 있는 양면적 속성을 드러낸다.
> ㉢ 의지를 지닌 것처럼 표현한다.

① 과학 기술의 발달은 현대 사회의 생산력을 높여 주고, 이를 통해서 모든 인간의 물질적 수요를 충족시켜 준다.
② 과학 기술의 발달은 그 무한한 가능성으로 인해 인간에게 희망을 줄 수도 있지만, 반면에 심각한 위협을 주기도 한다.
③ 과학 기술의 발달은 인간에게 풍요와 편리를 안겨다 준 천사이면서, 동시에 인간의 무지를 깨우쳐 준 지혜의 여신이다.
④ 과학 기술의 발달은 인간을 해방시켜 자아를 실현하게 할 수도 있지만, 인간을 로봇처럼 조종하기 위해서 미숙한 상태로 억눌러 둘 수도 있다.
⑤ 과학 기술의 발달은 과거와는 현저히 다른 양상으로 인간의 운명을 이끌었고, 앞으로도 어떤 변화를 가져올지 모르는 수수께끼와 같은 존재이다.

24 다음 글의 논증 구조를 바르게 분석한 것은?

> ㉠그 동안 과학이 눈부시게 발달해 온 데 힘입어 오늘날 우리의 생활은 매우 윤택해졌다. ㉡그래서 많은 사람들은 과학에는 거짓이 없고 실패가 없다고 믿게 되었다. ㉢그러나 과학은 우리의 삶의 문제를 해결하기에는 너무나 미약하고 부적절할 뿐 아니라 오히려 환경을 오염시키고 생태계를 파괴해 왔다. ㉣그런데도 여전히 과학만능주의에서 벗어나지 못한다면 우리는 조만간 인류 파멸의 비극을 맞게 될지도 모른다. ㉤이런 점에서 과학의 역기능을 분명히 인식하고 좀 더 냉정하고 합리적인 태도로 과학을 대하는 것은 지속적인 과학 발전을 지향하는 데 필요한 선결 과제라 할 것이다.

① ㉠은 ㉡의 결론이다.
② ㉡은 ㉢의 전제이다.
③ ㉢은 ㉣의 전제이다.
④ ㉣은 ㉤의 전제이다.
⑤ ㉤은 ㉠~㉣의 부연이다.

25 다음은 하나의 문단을 구성하는 문장들을 순서 없이 늘어놓은 것이다. 이 문단의 맨 마지막에 놓여야 할 문장은?

> ㉠ 권력은 인간의 행동을 강요할 수는 있어도 진심으로 복종시킬 수는 없다.
> ㉡ 그러나 권위는 인간을 진심으로 복종시킨다.
> ㉢ 하지만 권위는 오랜 세월 동안 내면에서 닦여진 진정한 힘을 가지고 있다.
> ㉣ 권력은 외형적으로 금방 드러나는 강제력을 가지고 있지만, 권위는 그것을 가지고 있지 못하다.
> ㉤ 권력과 권위는 분명히 다른 것이다.

① ㉠
② ㉡
③ ㉢
④ ㉣
⑤ ㉤

20문항/25분

1 **다음은 기혼 여성의 출생아 수 현황에 대한 표이다. 이에 대한 분석으로 옳은 것은?**

(단위 : %)

구분		출생아 수						계
		0명	1명	2명	3명	4명	5명 이상	
전체		6.4	15.6	43.8	16.2	7.0	11.0	100
지역	농촌	5.0	10.5	30.3	17.9	13.0	23.3	100
	도시	6.8	17.1	47.5	15.7	6.4	6.5	100
연령	20~29세	36.3	40.6	20.9	1.7	0.5	0.0	100
	30~39세	7.8	23.8	58.6	9.1	0.6	0.1	100
	40~49세	3.2	15.6	65.4	13.6	1.8	0.4	100
	50세 이상	4.0	6.1	11.2	19.9	21.4	37.4	100

① 농촌 지역의 출생아 수가 도시 지역보다 많다.

② 50세 이상에서는 대부분 5명 이상을 출산하였다.

③ 자녀를 출산하지 않은 여성의 수는 30대가 40대보다 많다.

④ 3명 이상을 출산한 여성이 1명 이하를 출산한 여성보다 많다.

2 **다음은 선거 후보자 선택에 필요한 정보를 주로 얻는 매체를 한 가지만 선택하라는 설문조사의 결과이다. 이 자료에 대한 설명으로 옳은 것을 모두 고른 것은?**

(단위 : %)

연령 \ 매체	인터넷	텔레비전	신문	선거홍보물	기타
19~29세	56	17	4	14	9
30대	39	21	6	24	10
40대	29	16	17	26	12
50대	20	41	17	15	7
60세 이상	8	39	32	12	9

㉠ 신문을 선택한 40대 응답자와 50대 응답자의 수는 같다.
㉡ 응답자의 모든 연령대에서 신문을 선택한 비율이 가장 낮다.
㉢ 인터넷을 선택한 비율은 응답자의 연령대가 높아질수록 낮아진다.
㉣ 40대의 경우 인터넷이나 선거 홍보물을 통해 정보를 얻는 응답자가 과반수이다.

① ㉠㉡ ② ㉠㉢
③ ㉡㉢ ④ ㉢㉣

3 다음은 우리나라 여러 지역의 인구 변화를 나타낸 것이다. 이에 대한 분석으로 옳지 않은 것은?

구분	1965년		1985년		2005년		2015년	
	인구	구성비	인구	구성비	인구	구성비	인구	구성비
전국	24,989	100.0	37,436	100.0	46,136	100.0	48,580	100.0
동부	6,997	28.0	21,434	57.3	36,755	79.7	39,823	82.0
읍부	2,259	9.0	4,540	12.1	3,756	8.1	4,200	8.6
면부	15,734	63.0	11,463	30.6	5,625	12.2	4,557	9.4
수도권	5,194	20.8	13,298	35.5	21,354	46.3	23,836	49.1

① 도시화율의 증가폭은 커졌다.

② 총인구의 증가율은 낮아졌다.

③ 동부의 인구는 꾸준히 증가하였다.

④ 수도권으로의 인구 집중이 심화되었다.

4 다음은 우리 사회 연령대별 출산율의 변동을 나타낸 표이다. 이에 대한 설명으로 가장 적절한 것은?

(단위 : 명)

연령대 / 연도	15 ~ 19세	20 ~ 24세	25 ~ 29세	30 ~ 34세	35 ~ 39세	40 ~ 44세	45 ~ 49세	합계출산율
1960	37	283	330	257	196	80	14	6.0
1970	13	168	278	189	101	39	7	4.53
1980	12	161	245	94	23	3	−	2.42
1990	3	62	188	50	7	1	−	1.60
2000	1	24	110	83	13	2	−	1.17
2010	1.7	16.6	80.4	100.8	27.3	3.4	0.2	1.15

※ 연령대별 수치는 여자 천 명당 출생아 수이며, 합계출산율이란 한 여자가 가임 기간(15~49세) 동안 낳은 평균 출생아 수를 의미한다.

① 총인구가 감소하고 있음을 보여주고 있다.
② 출산 장려 정책이 효과가 있음을 보여주고 있다.
③ 우리 사회의 인구가 고령화되는 이유를 찾을 수 없다.
④ 1960년과 비교하여 2010년 여성들의 혼인 연령이 높아졌다.

5 **다음은 학생들의 SNS((Social Network Service) 계정 소유 여부를 나타낸 표이다. 이에 대한 설명으로 옳은 것은?**

(단위 : %)

구분		소유함	소유하지 않음	합계
성별	남학생	49.1	50.9	100
	여학생	71.1	28.9	100
학교급별	초등학생	44.3	55.7	100
	중학생	64.9	35.1	100
	고등학생	70.7	29.3	100

㉠ SNS 계정을 소유한 학생은 여학생이 남학생보다 많다.
㉡ 상급 학교 학생일수록 SNS 계정을 소유한 비율이 높다.
㉢ 조사 대상 중 고등학교 여학생의 SNS 계정 소유 비율이 가장 높다.
㉣ 초등학생의 경우 중·고등학생과 달리 SNS 계정을 소유한 학생이 그렇지 않은 학생보다 적다.

① ㉠㉡
② ㉠㉢
③ ㉡㉢
④ ㉡㉣

6 다음은 우리나라의 주택 수와 주택 보급률 변화를 나타낸 표이다. 표에 대한 분석으로 적절하지 못한 것은?

구분 \ 연도		1985	1995	2005	2015
주택 수(천호)		4,360	5,319	7,357	11,472
주택 보급률(%)	전국	78.2	72.7	72.4	96.2
	도시	58.8	56.6	61.1	87.8

※ 주택 보급률 = 주택 수/주택 소요 가구 수

① 도시보다 농촌 주택의 가격 상승 가능성이 더 크다.
② 농어촌보다는 도시 지역의 주택난이 더욱 심각하다.
③ 장기적으로 주택의 공급량은 지속적으로 증가해 왔다.
④ 전반적으로 볼 때, 주택 수요에 비해 공급이 부족하다.

7 다음은 혼인에 대한 의식 조사 결과를 나타낸 표이다. 이에 대한 설명으로 옳은 것은?

(단위 : %)

구분		혼인을 해야 하는가?		
		그렇다	아니다	개인의 선택에 맡겨야 한다
성별	남	52.2	32.1	21.4
	여	47.8	67.9	78.6
계		100	100	100

구분		혼인을 해야 하는가?			계
		그렇다	아니다	개인의 선택에 맡겨야 한다	
연령대별	20대	38.1	24.0	37.9	100
	30대	41.4	22.0	36.6	100
	40대	45.5	12.7	41.8	100
	50대	54.8	11.9	33.3	100
	60대 이상	61.8	9.2	29.0	100

① 남자 중 과반수가 혼인을 해야 한다고 생각한다.
② 20대 여자가 혼인에 대해 가장 부정적으로 본다.
③ 연령대가 낮을수록 혼인을 선택으로 보는 사람의 비율이 높다.
④ '아니다'에 응답한 사람을 제외하면 혼인을 해야 한다고 보는 사람이 과반수이다.

8 **다음은 직장 내 성차별 중 가장 심각한 분야는 무엇인가에 대해 시민들을 대상으로 조사한 결과이다. 이에 대한 설명으로 옳지 않은 것은?**

(단위 : %)

구분		업무배분	승진기회	연봉	호칭문제	복지	기타	합계
전체		47.4	35.9	2.7	12.2	1.6	0.2	100
성별	남자	49.5	34.4	3.3	11.4	1.1	0.3	100
	여자	47.1	36.1	2.6	12.3	1.7	0.2	100
연령	20대	50.4	34.2	2.2	11.8	1.2	0.2	100
	30대	45.8	37.0	3.1	12.5	1.4	0.2	100
	40대	47.0	37.0	2.3	12.1	1.3	0.3	100
	50대 이상	46.2	38.6	2.2	11.8	1.0	0.2	100

① 연봉을 가장 심각한 분야로 인식하는 사람의 수는 여자보다 남자가 더 많다.
② 20대 남자 중에서 절반 이상이 업무배분을 가장 심각한 분야로 인식하고 있다.
③ 30대와 40대에서 승진기회를 가장 심각한 분야로 인식하고 있는 사람의 수는 같다.
④ 50대 이상에서 직장 복지 대비 연봉을 가장 심각한 분야로 인식하고 있는 사람의 수는 2배 이상이다.

9 **다음의 설문에 대한 응답 결과를 통해 추론할 수 있는 내용으로 가장 타당한 것은?**

> • 소득이 감소한다면, 소비 지출을 줄이겠습니까?
> • 소비 지출을 줄인다면, 어떤 부분부터 줄이겠습니까?

(단위 : %)

구분		지출 줄임						줄일 수 없음
		음식료비	외식비	주거 관련 비	문화 여가 비	사교육비	기타	
지역	도시	5.8	20.5	15.7	7.1	4.6	26.7	19.6
	농촌	8.6	12.0	18.5	4.9	3.2	18.8	34.0
학력	중졸 이하	9.9	10.4	24.9	4.2	2.1	11.9	36.6
	고졸	5.4	20.2	15.1	7.2	4.8	30.8	16.5
	대졸 이상	4.9	25.9	7.6	8.1	3.5	37.0	13.0

① 도시 지역과 농촌 지역의 소비 행태는 거의 비슷하다.
② 도시 가구는 소득이 감소하면 주거 관련 비를 가장 많이 줄인다.
③ 학력이 낮을수록 소득이 감소하면 소비 지출을 더 줄이려는 경향이 있다.
④ 학력 수준에 관계없이 소득 감소가 사교육비에 미치는 영향은 가장 적다.

10 **다음 표는 4개 고등학교의 대학진학 희망자의 학과별 비율(상단)과 그 중 희망대로 진학한 학생의 비율(하단)을 나타낸 것이다. 이 표를 보고 추론한 내용으로 올바른 것은?**

고등학교	국문학과	경제학과	법학과	기타	진학 희망자수
A	(60%) 20%	(10%) 10%	(20%) 30%	(10%) 40%	700명
B	(50%) 10%	(20%) 30%	(40%) 30%	(20%) 30%	500명
C	(20%) 35%	(50%) 40%	(40%) 15%	(60%) 10%	300명
D	(5%) 30%	(25%) 25%	(80%) 20%	(30%) 20%	400명

㉠ B고와 D고 중에서 경제학과에 합격한 학생은 D고가 많다.
㉡ A고에서 법학과에 합격한 학생은 40명보다 많고, C고에서 국문학과에 합격한 학생은 20명보다 적다.
㉢ 국문학과에 진학한 학생들이 많은 순서대로 세우면 A고→B고→C고→D고 순서가 나온다.

① ㉠
② ㉡
③ ㉢
④ ㉠㉡

11 **다음 자료는 연도별 자동차사고 발생 상황을 정리한 것이다. 다음의 자료로부터 추론하기 어려운 내용은?**

구분 / 연도	발생건수(건)	사망자 수	10만 명당 사망자 수	차 1만 대당 사망자 수	부상자 수
2008	246,452	11,603	24.7	11	363,159
2009	239,721	9,057	19.3	9	340,564
2010	275,938	9,353	19.8	8	402,967
2011	290,481	10,236	21.3	7	426,984
2012	260,579	8,097	16.9	6	396,539

① 연도별 자동차 수의 변화
② 운전자 1만 명당 사고 발생건수
③ 자동차 1만 대당 사고율
④ 자동차 1만 대당 부상자 수

12 어느 인기 그룹의 공연을 준비하고 있는 기획사는 다음과 같은 조건으로 총 1,500 장의 티켓을 판매하려고 한다. 티켓 1,500 장을 모두 판매한 금액이 6,000 만 원이 되도록 하기 위해 판매해야 할 S 석 티켓의 수를 구하면?

> (가) 티켓의 종류는 R 석, S 석, A 석 세 가지이다.
> (나) R 석, S 석, A 석 티켓의 가격은 각각 10 만 원, 5 만 원, 2 만 원이고, A 석 티켓의 수는 R 석과 S 석 티켓의 수의 합과 같다.

① 450장
② 600장
③ 750장
④ 900장
⑤ 1,050장

13 다음 표는 배움 고등학교 학생들의 학교에서 집까지의 거리를 조사한 결과이다. ㉠㉡㉢㉣㉤에 들어갈 수로 옳은 것은? (조사결과는 학교에서 집까지의 거리가 1km 미만인 사람과 1km 이상인 사람으로 나눠서 표시된 것임)

구분	1km 미만	1km 이상	합계
남학생	[㉠](㉡ %)	168 (㉢ %)	240(100%)
여학생	[㉣](36%)	[㉤](64%)	200(100%)

① ㉠ : 72 ㉡ : 30 ㉢ : 70 ㉣ : 70 ㉤ : 128
② ㉠ : 72 ㉡ : 30 ㉢ : 70 ㉣ : 72 ㉤ : 128
③ ㉠ : 72 ㉡ : 30 ㉢ : 72 ㉣ : 70 ㉤ : 128
④ ㉠ : 70 ㉡ : 30 ㉢ : 72 ㉣ : 70 ㉤ : 128

※ 다음은 제품 A, B, C의 가격, 전기료 및 관리비를 나타낸 표이다. 물음에 답하시오. 【14~15】

분류	가격	월 전기료	월 관리비
A 제품	280만 원	4만 원	1만 원
B 제품	260만 원	4만 원	2만 원
C 제품	240만 원	3만 원	2만 원

14 제품 구입 후 1년을 사용했다고 가정했을 경우 총 지불액이 가장 높은 제품은? (단, 총 지불액에는 제품의 가격을 포함하여 계산할 것)

① A ② B
③ C ④ 모두 같다

15 월 관리비와 전기료가 가장 저렴한 제품을 구입하고자 할 경우 구입 후 3년 동안 지출한 금액이 가장 높은 제품은?

① A ② B
③ C ④ 모두 같다

16 서울시 유료 도로에 대한 자료이다. 산업용 도로 3km의 건설비는 얼마가 되는가?

분류	도로수	총길이	건설비
관광용 도로	5	30km	30억
산업용 도로	7	55km	300억
산업관광용 도로	9	198km	400억
합계	21	283km	300억

① 약 5.5억 원　② 약 11억 원
③ 약 16.5억 원　④ 약 22억 원

17 100km 떨어진 목적지를 향하여 A버스가 먼저 출발하고, 20분 뒤에 같은 장소에서 B 버스가 출발하여 목적지에 동시에 도착하였다. B 버스가 A 버스보다 시속 10km 더 빠르다고 할 때, B버스의 속력은?

① 시속 50km　② 시속 60km
③ 시속 70km　④ 시속 80km

18 어떤 전자레인지로 피자 n 조각을 굽는데 걸리는 시간 t (분)는 $t = 1.2 \times n^{0.5}$ 으로 주어진다고 한다. 이 전자레인지로 피자 8 조각을 굽는데 걸리는 시간은 피자 2 조각을 굽는데 걸리는 시간의 몇 배인가?

① 1 배　② $\sqrt{2}$ 배
③ 2 배　④ $2\sqrt{2}$ 배

19 A, B, C, D 네 팀이 출전한 어느 축구대회에서 네 팀이 각각 다른 세 팀과 한 번씩 경기를 치르는 리그 방식의 예선전을 하였다. 각 경기에서 이긴 팀은 3점을 받고, 진 팀은 0점을 받으며 비긴 경우에는 두 팀이 1점씩을 받기로 규칙을 정하였다. 총 6경기가 모두 끝난 후 A팀이 6점, B팀이 4점, C팀이 3점을 받았을 때, D팀이 받은 점수는?

① 1점　　② 3점

③ 4점　　④ 5점

20 A 항구에서 $60\,\text{km}$ 운행하여 B 항구로 가는 모든 여객선의 속력은 a(km/시)로 일정하다. 오전 10시에 A 항구를 출발한 어떤 여객선이 $40\,\text{km}$를 운행한 C 지점에서 기관에 이상이 생겨 그 때부터 $10\,\text{km}$/시를 감속하여 일정한 속력으로 B 항구까지 운행하였더니, 같은 날 오전 11시에 A 항구를 출발한 다른 여객선과 동시에 B 항구에 도착하였다. 이 때, a의 값은 얼마인가?

① 10　　② 20

③ 30　　④ 40

03 제3회 모의고사

☞ 정답 및 해설 p.192

☆ 공간능력

18문항/10분

※ 다음 입체도형의 전개도로 알맞은 것을 고르시오. 【1~4】

- 입체도형을 전개하여 전개도를 만들 때, 전개도에 표시된 그림(예 : ▌▌, ◢, ▬ 등)은 회전의 효과를 반영함. 즉, 본 문제의 풀이과정에서 보기의 전개도 상에 표시된 ▌▌과 ▬는 서로 다른 것으로 취급함.
- 단, 기호 및 문자(예 : ♤, ☎, ♨, K, H)의 회전에 의한 효과는 본 문제의 풀이과정에 반영하지 않음. 즉, 입체도형을 펼쳐 전개도를 만들었을 때 ☎의 방향으로 나타나는 기호 및 문자도 보기에서는 ☎ 방향으로 표시하며 동일한 것으로 취급함.

1

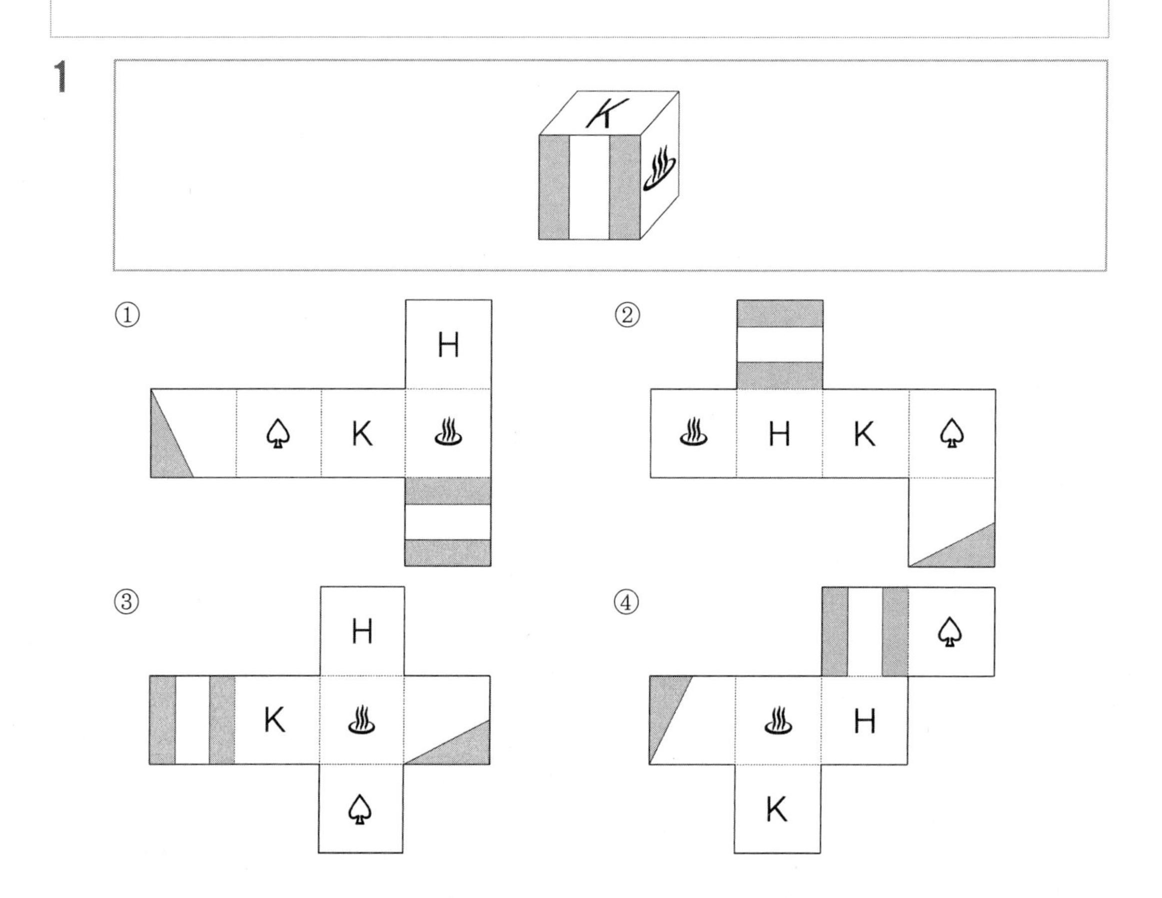

2

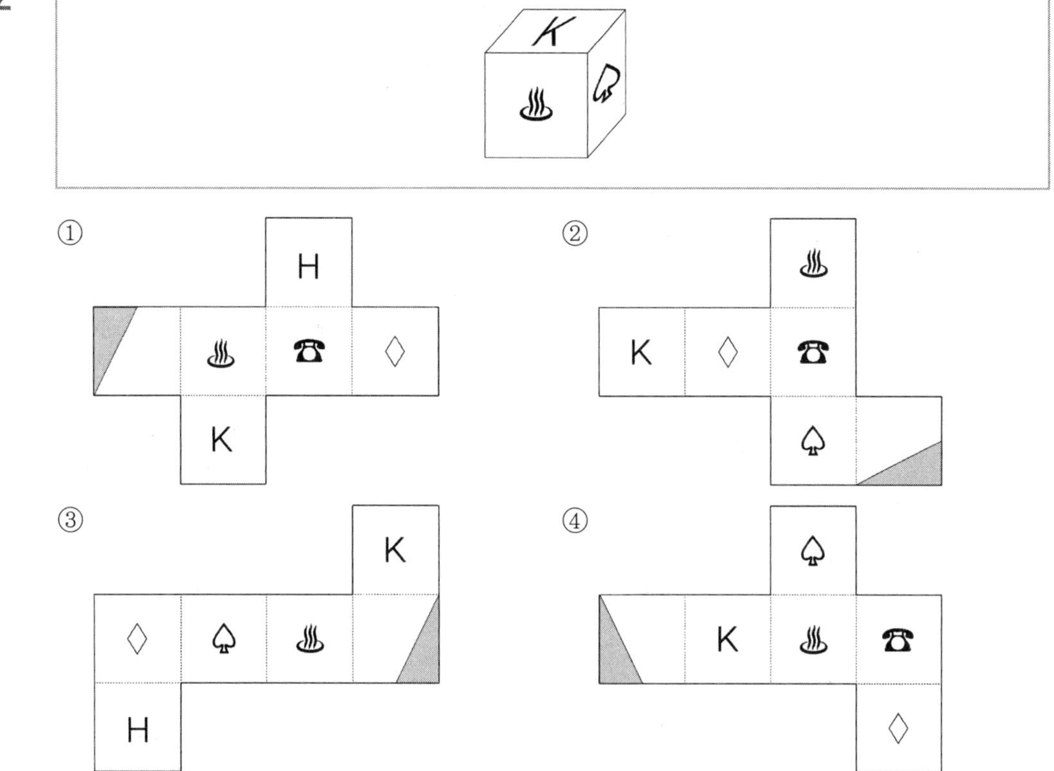

3

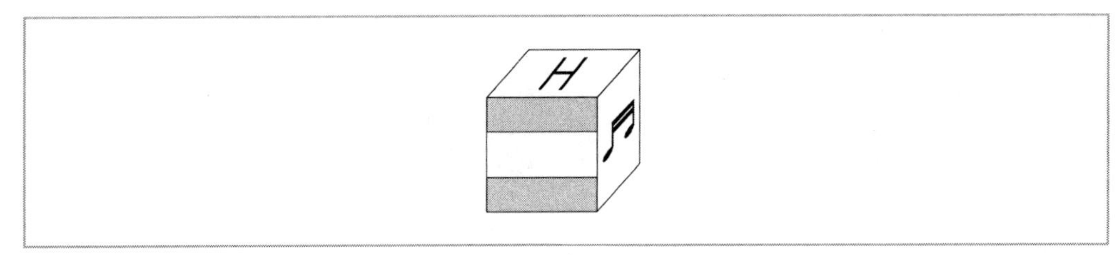

① 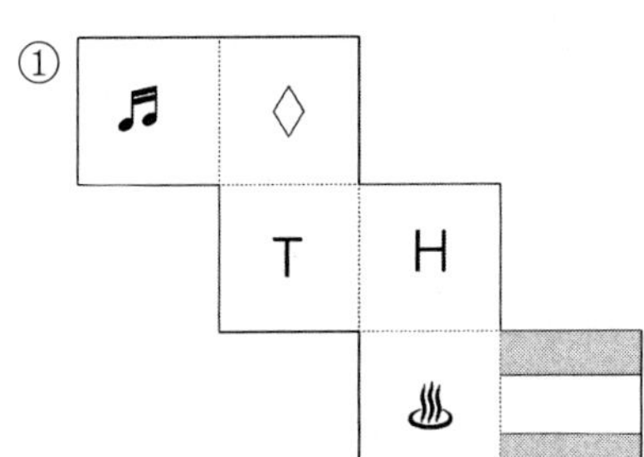

② 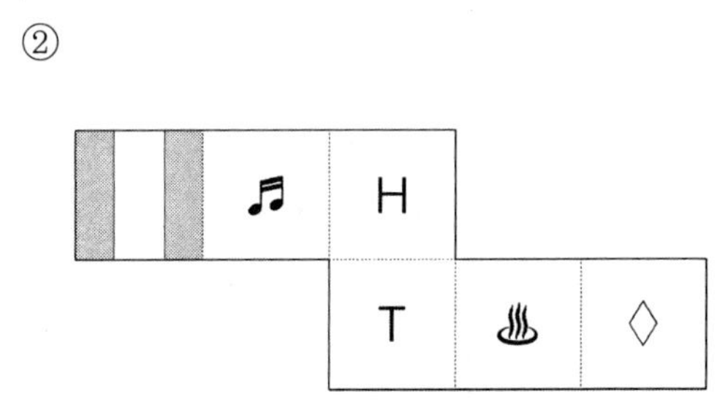

③ 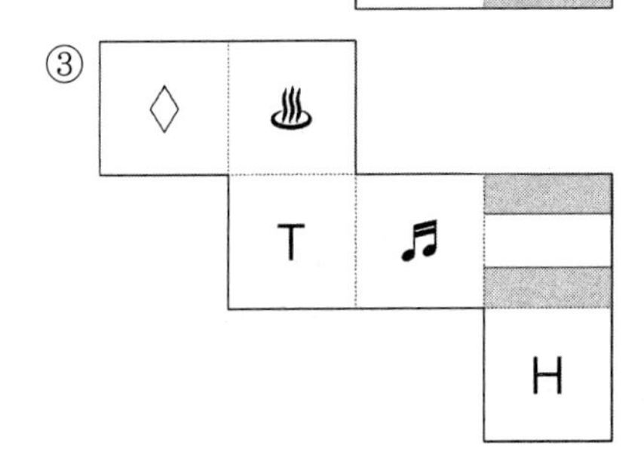

④ 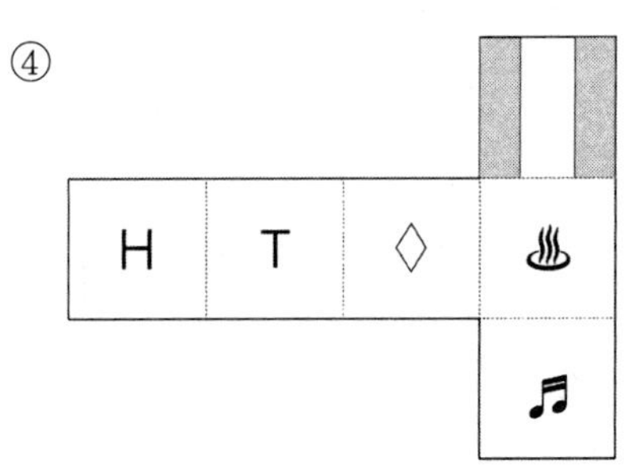

4

♡	H	K	A

①

② ◎ ♡ H / A / K

③ ♡ A / ◎ H / K

④ ◎ / A K H / ♡

※ 다음 전개도로 만든 입체도형에 해당하는 것을 고르시오. 【5~9】

- 전개도를 접을 때 전개도 상의 그림, 기호, 문자가 입체도형의 겉면에 표시되는 방향으로 접음
- 전개도를 접어 입체도형을 만들 때, 전개도에 표시된 그림(예 : , , 등)은 회전의 효과를 반영함. 즉, 본 문제의 풀이과정에서 보기의 전개도 상에 표시된 과 는 서로 다른 것으로 취급함.
- 단, 기호 및 문자(예 : ♤, ☎, ♨, K, H)의 회전에 의한 효과는 본 문제의 풀이과정에 반영하지 않음. 즉, 전개도를 접어 입체도형을 만들었을 때 ☎의 방향으로 나타나는 기호 및 문자도 보기에서는 ☎방향으로 표시하며 동일한 것으로 취급함.

5

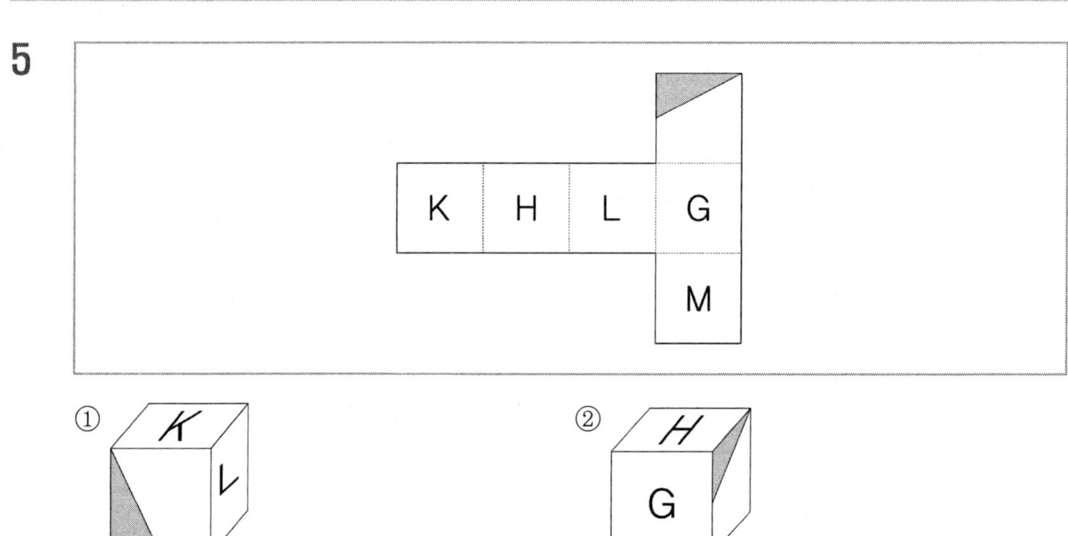

①
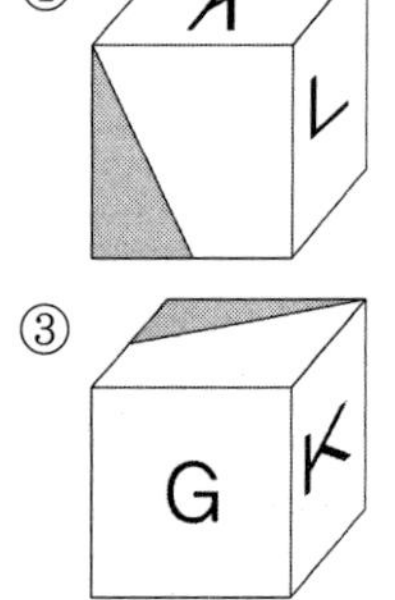

②
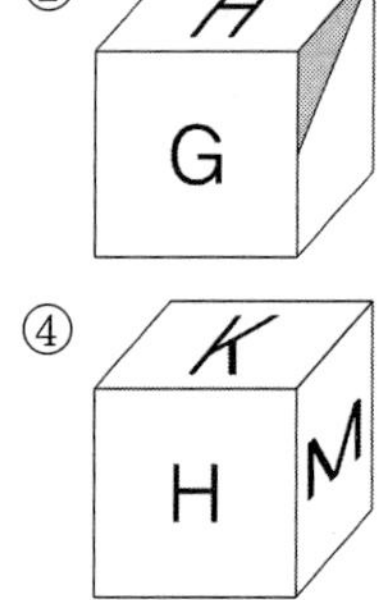

③ G K

④ K H M

6

7

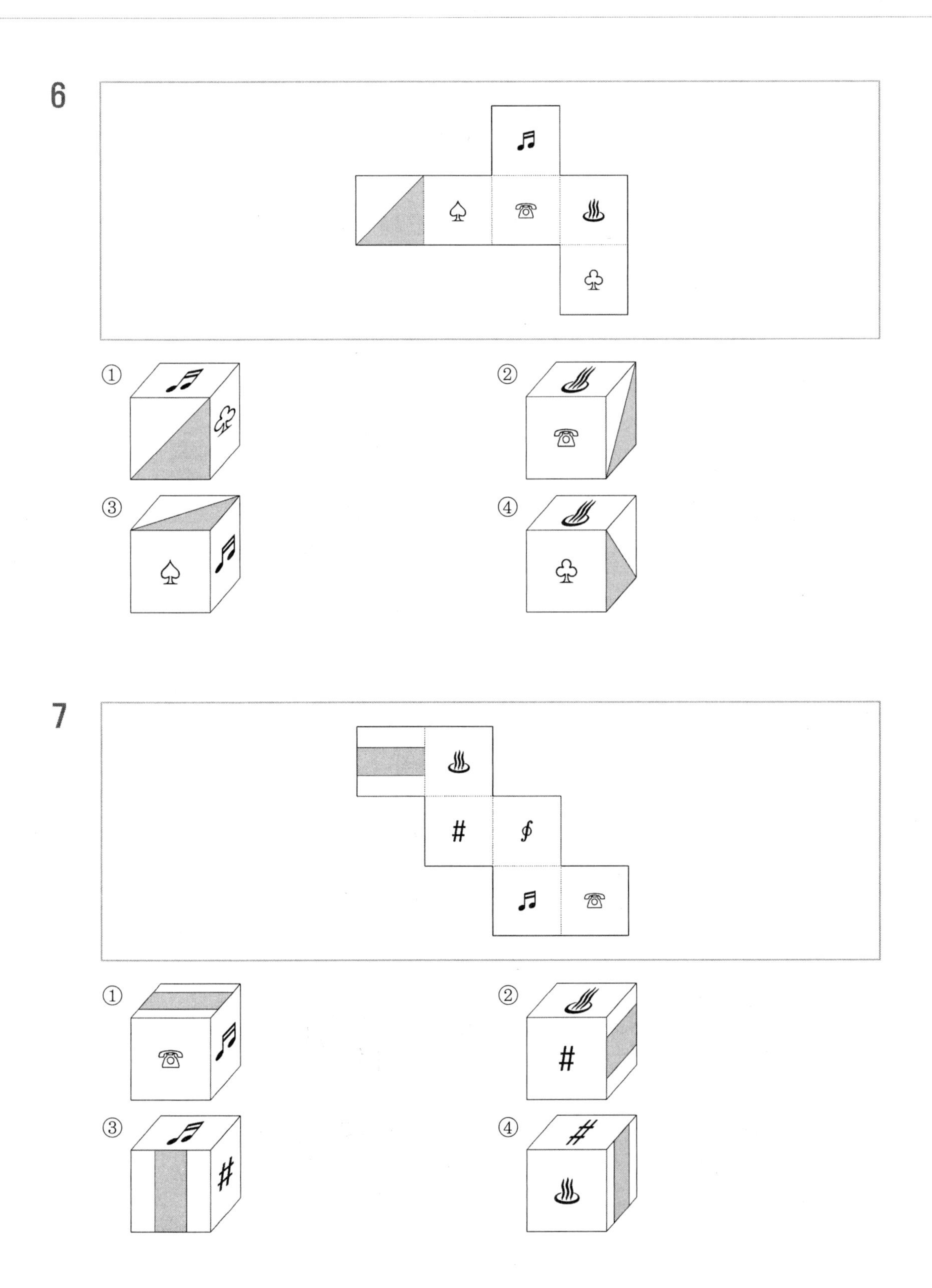

8

9

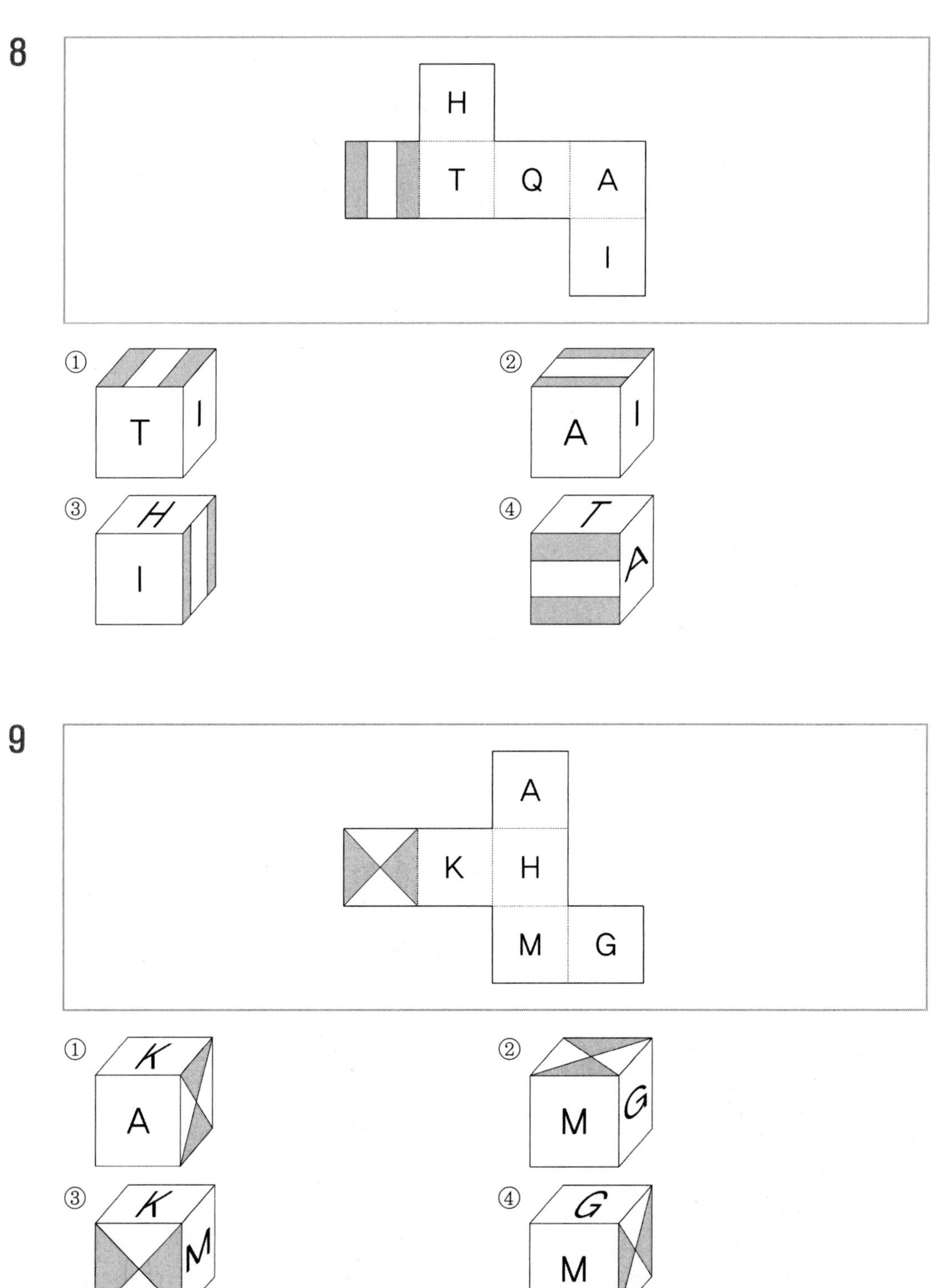

※ 다음 아래에 제시된 그림과 같이 쌓기 위해 필요한 블록의 수를 고르시오. 【10~14】 (단, 블록은 모양과 크기는 모두 동일한 정육면체이다)

10

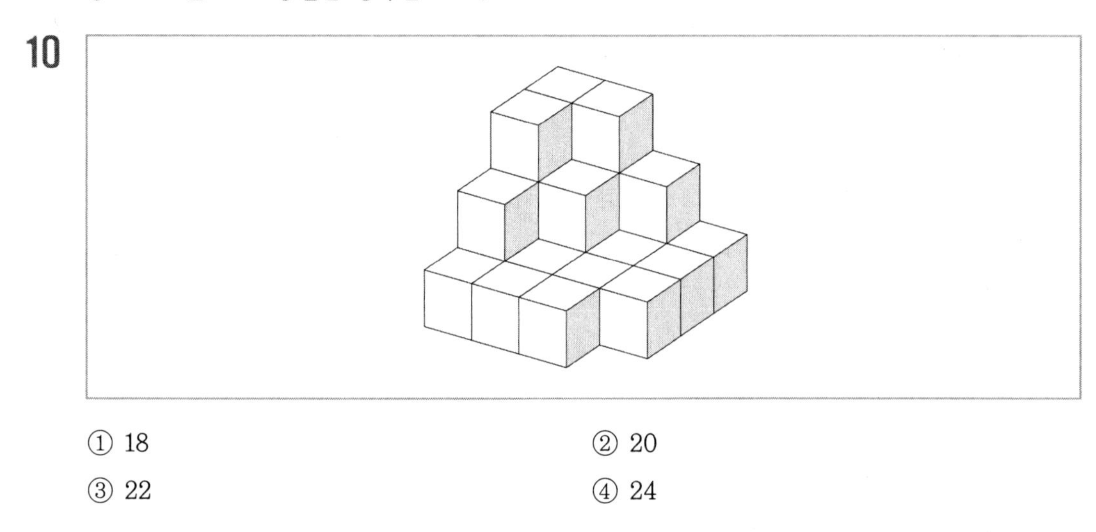

① 18
② 20
③ 22
④ 24

11

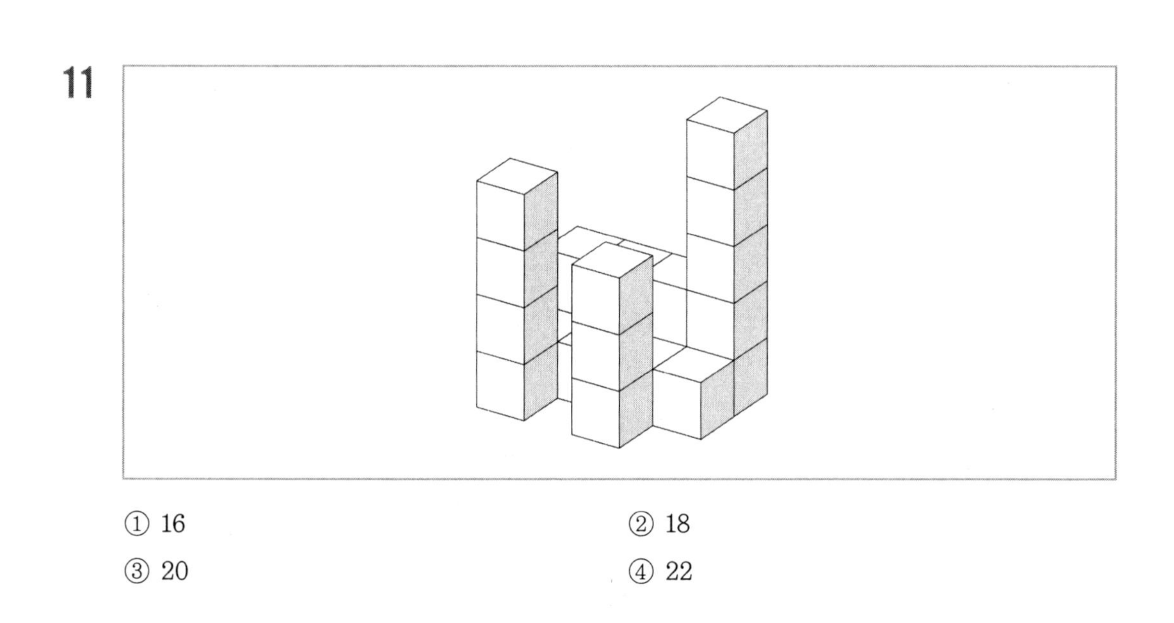

① 16
② 18
③ 20
④ 22

12

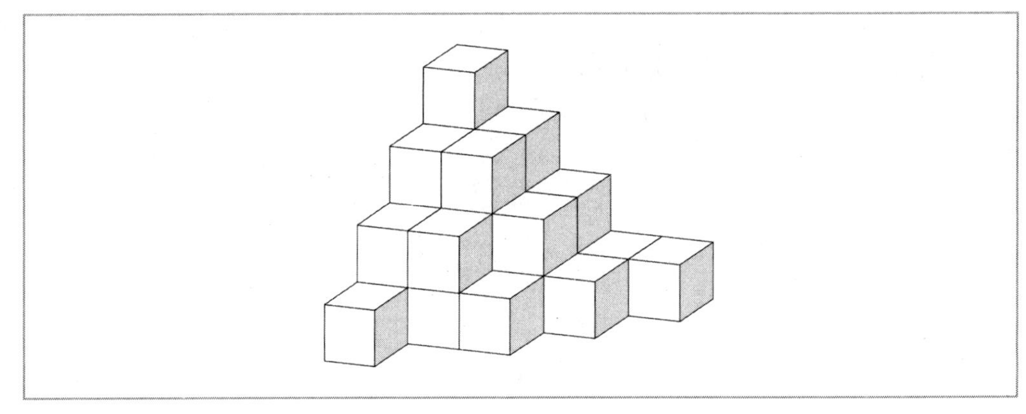

① 18 ② 22
③ 26 ④ 30

13

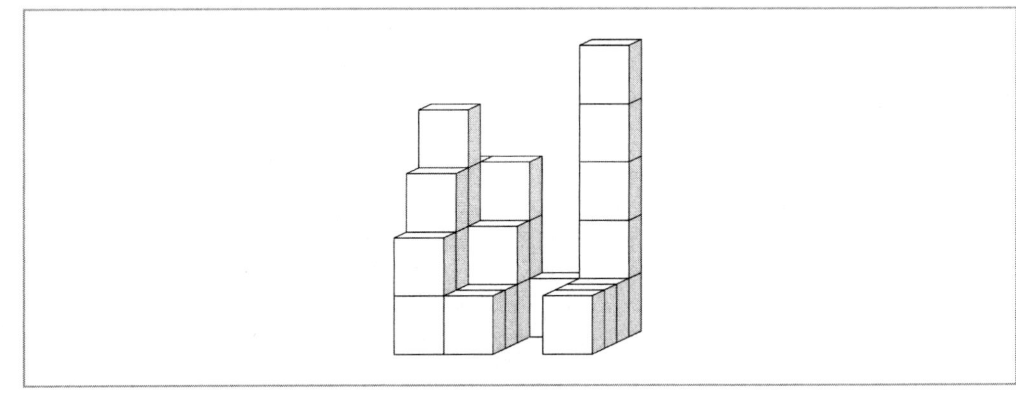

① 20 ② 24
③ 28 ④ 32

14

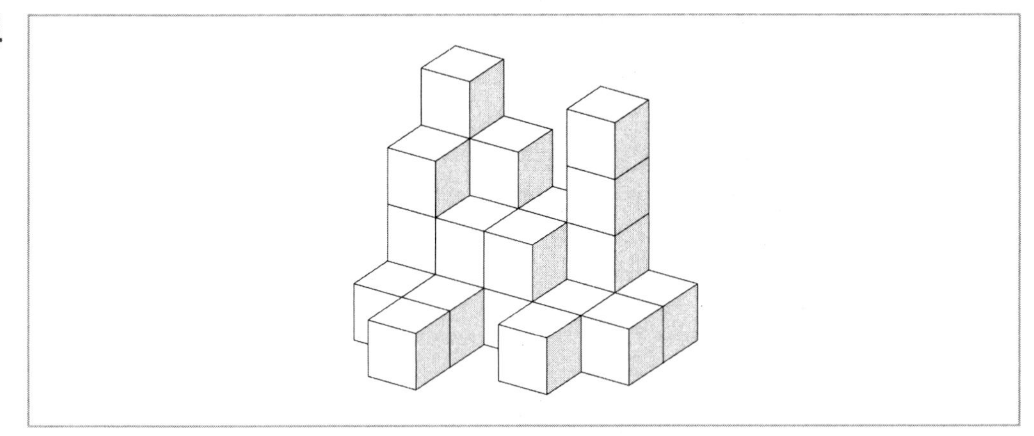

① 18

② 21

③ 24

④ 27

※ 아래에 제시된 블록들을 화살표 표시한 방향에서 바라봤을 때의 모양으로 알맞은 것을 고르시오.
【15~18】

- 블록은 모양과 크기는 모두 동일한 정육면체임
- 바라보는 시선의 방향은 블록의 면과 수직을 이루며 원근에 의해 블록이 작게 보이는 효과는 고려하지 않음

15

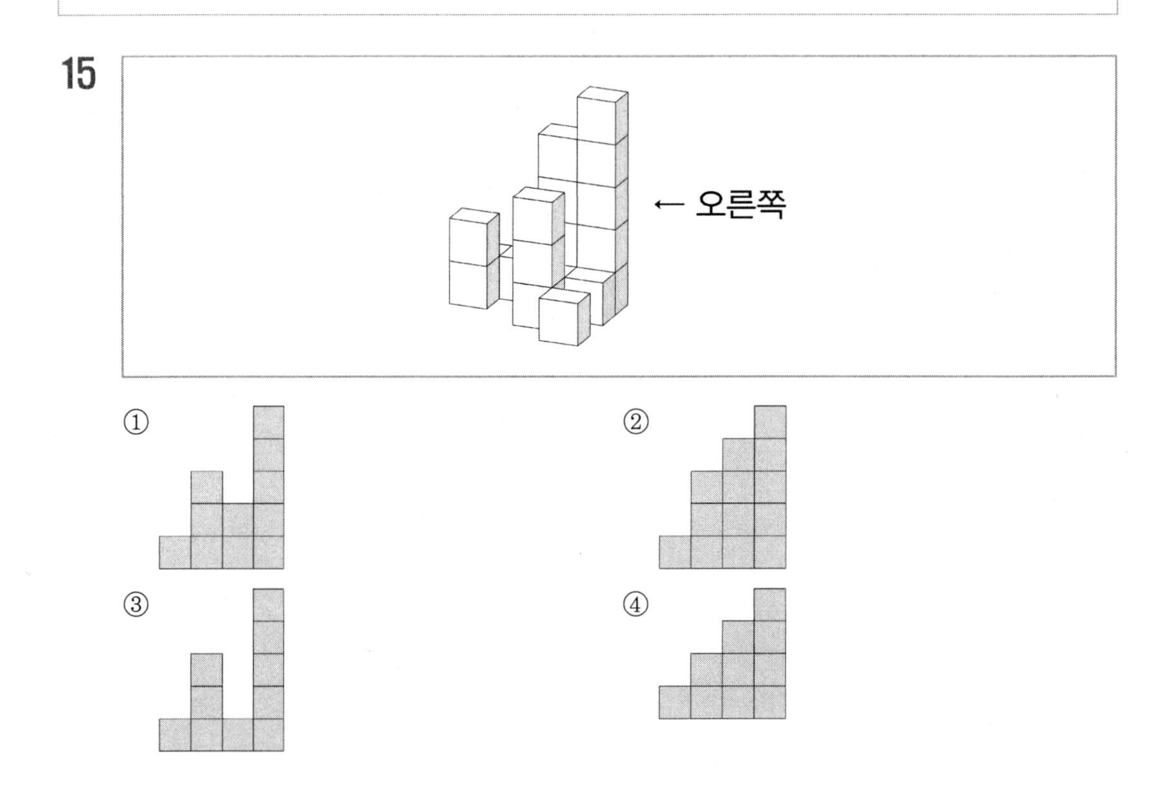

16

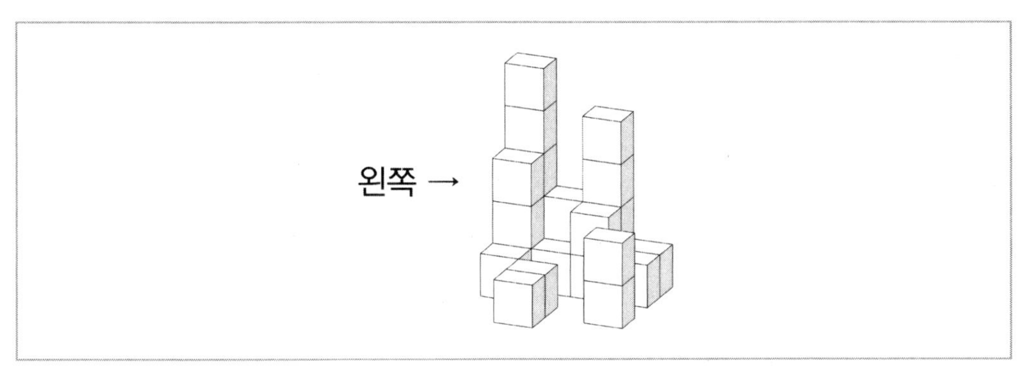

①
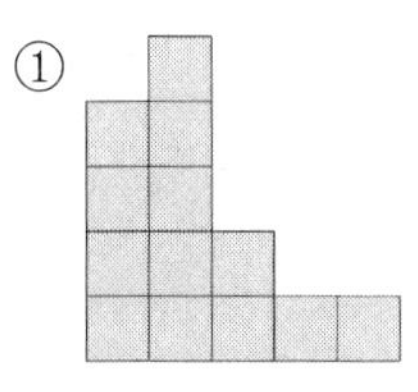

②
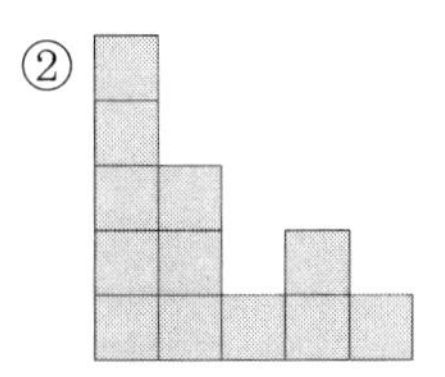

③
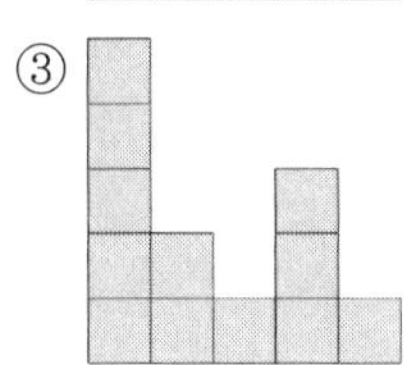

④
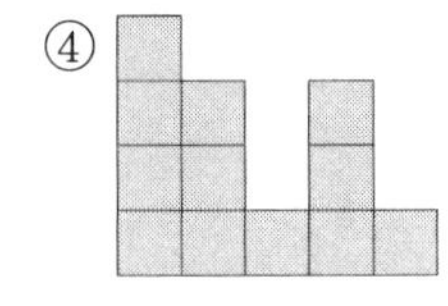

17

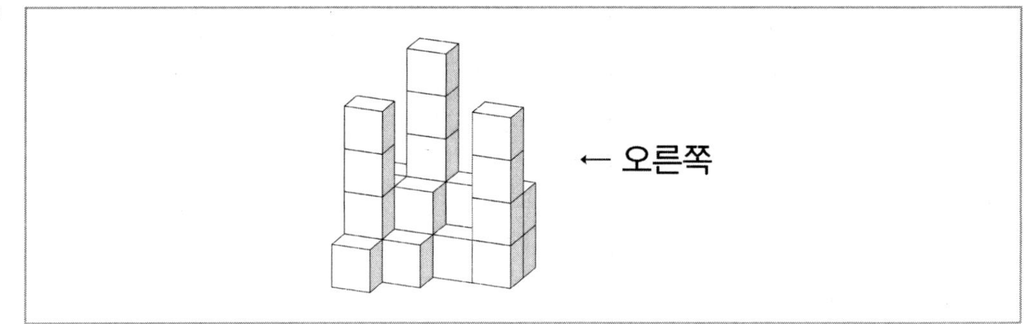

① 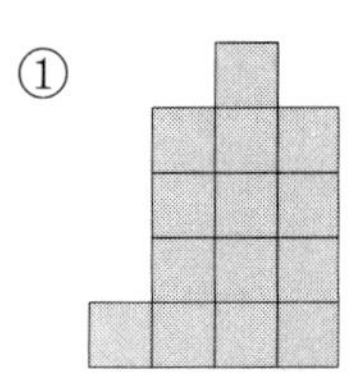

② 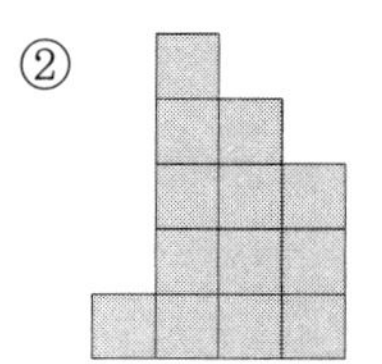

③ 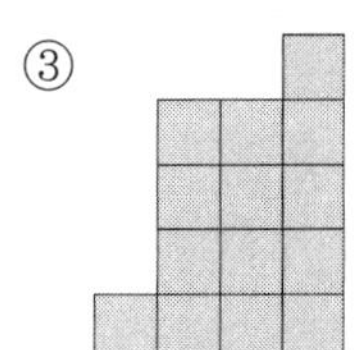

④ 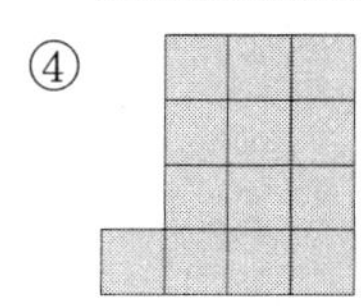

18

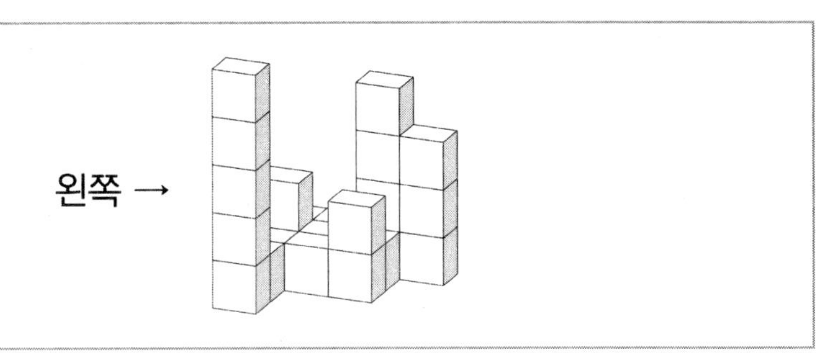

①

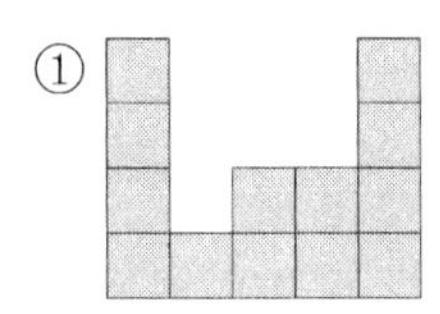

②

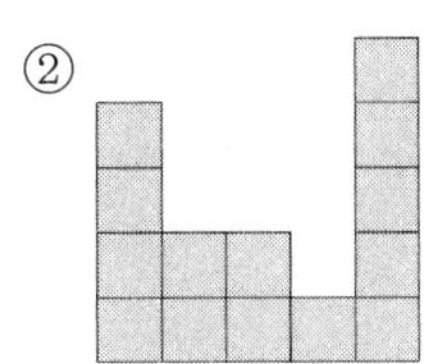

③

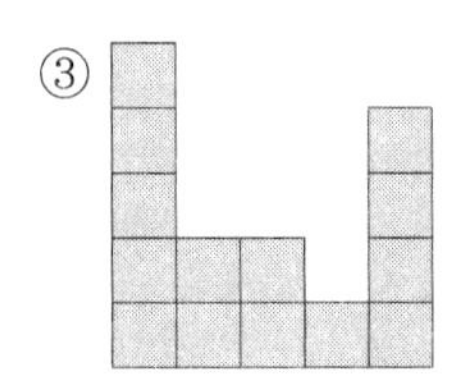

④

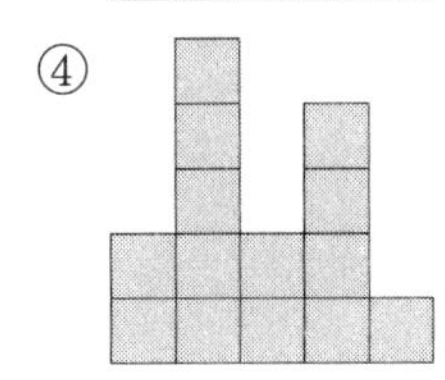

☆ 지각속도

30문항/3분

※ 아래 〈보기〉의 왼쪽과 오른쪽 기호의 대응을 참고하여 각 문제의 대응이 같으면 답안지에 '① 맞음'을, 틀리면 '② 틀림'을 선택하시오. 【1~5】

〈보기〉

ㄱ = Z	ㄴ = G	ㄷ = O	ㄹ = D
ㅎ = R	ㅍ = U	ㅌ = Y	ㅋ = W

1

ㄱ ㅍ ㅌ ㅋ ㄹ － Z U Y W O

① 맞음　　② 틀림

2

ㄴ ㄷ ㅌ ㅎ ㅋ － G O Y Z W

① 맞음　　② 틀림

3

ㄹ ㄴ ㅍ ㅋ ㄱ － D G U W Z

① 맞음　　② 틀림

4

ㅍ ㅌ ㄴ ㄹ ㅎ ㄷ － U Y G D R O

① 맞음 ② 틀림

5

ㅌ ㄴ ㄱ ㄹ ㅎ ㅋ － Y G Z D R U

① 맞음 ② 틀림

※ 각 문제의 왼쪽에 표시된 굵은 글씨체의 기호, 문자, 숫자의 개수를 모두 세어 오른쪽 개수에서 찾으시오. 【6~10】

6

s	Two students in my English class fell in love

① 2개 ② 3개
③ 4개 ④ 5개

7

ㅈ	그는 다만 하나의 몸짓에 지나지 않았다

① 2개 ② 4개
③ 6개 ④ 8개

8

4	573284278146721497246985266975

① 2개 ② 3개
③ 4개 ④ 5개

9

B	WE PRIZE LIBERTY MORE THAN LIFE

① 1개 ② 2개
③ 3개 ④ 4개

10

xii	i Ⅱ vi Ⅶ ix xii Ⅺ vi Ⅴ Ⅻ xii Ⅴ viii Ⅲ iii Ⅵ xii iv iii Ⅱ

① 2개 ② 3개
③ 4개 ④ 5개

※ 다음 〈보기〉에 주어진 기호와 숫자의 대응 참고하여 각 문제의 대응이 같으면 답안지에 '① 맞음'을, 틀리면 '② 틀림'을 선택하시오. 【11～15】

〈보기〉

◇	◆	♂	♀	☆	★	℃	Å	￡	￥	₩	▽	▼	□	■	◈	♥	♧	♤	♨
16	17	2	11	1	18	15	3	9	10	19	6	5	20	12	13	4	7	8	14

11

℃ ▽ ◈ ♧ ◆ – 15 6 13 7 17

① 맞음 ② 틀림

12

£ ♥ ⚨ Å ₩ – 9 4 2 3 19

① 맞음　　② 틀림

13

▼ ■ ☆ ¥ ♨ – 5 12 1 10 14

① 맞음　　② 틀림

14

□ ◈ ♤ ♀ ℃ ▽ – 20 13 8 2 15 6

① 맞음　　② 틀림

15

◈ ♧ ★ £ ₩ ◇ – 13 7 18 10 19 16

① 맞음　　② 틀림

※ 다음 〈보기〉에 주어진 기호와 문자의 대응 참고하여 각 문제의 대응이 같으면 답안지에 '① 맞음'을, 틀리면 '② 틀림'을 선택하시오. 【16~20】

〈보기〉

♪	♬	♯	♭	♮	♫	♩	♗	♕	♖	♘	♝	♛	♜	♞	☀	☁	☂	☃	☄
ㅗ	ㅊ	ㄷ	ㅈ	ㄱ	ㅍ	ㅎ	ㅌ	ㅡ	ㄹ	ㅇ	ㅜ	ㅁ	ㅅ	ㅣ	ㅂ	ㅏ	ㅓ	ㅋ	ㄴ

16

♭ ♕ ♜ ☃ ♯ – ㅈ ㅡ ㅅ ㅋ ㄷ

① 맞음　　② 틀림

17

♛ ☁ ♬ ☄ ♭ – ㅁ ㅏ ㅊ ㅋ ㅈ

① 맞음　　② 틀림

18

♬ ♝ ☃ ♪ ♩ ♫ – ㅊ ㅜ ㅋ ㅗ ㅇ ㅍ

맞음　　② 틀림

19

♮ ♩ ☀ ♕ ☂ ♘ – ㄱ ㅎ ㅂ ㅡ ㅓ ㅇ

① 맞음　　② 틀림

20

♗ ♞ ♬ ☂ ♭ ♖ ☄ ㅡ ㅌ ㅣ ㅊ ㅓ ㅈ ㄹ ㄴ

① 맞음　　　　② 틀림

※ 아래 〈보기〉의 왼쪽과 오른쪽 기호의 대응을 참고하여 각 문제의 대응이 같으면 답안지에 '① 맞음'을, 틀리면 '② 틀림'을 선택하시오. 【21~25】

〈보기〉

i = 고	j = 라	k = 의	m = 컵	n = 다
o = 설	p = 숙	q = 전	r = 착	s = 연

21

k n s j i – 의 다 연 라 고

① 맞음　　　　② 틀림

22

q o m j r – 전 설 컵 라 착

① 맞음　　　　② 틀림

23

j p s n q – 라 숙 연 다 전

① 맞음　　　　② 틀림

24

r o k s n j − 착 설 의 연 다 고

① 맞음　　② 틀림

25

s k i n q m − 연 의 고 다 숙 컵

① 맞음　　② 틀림

※ 다음 각 문제의 왼쪽에 표시된 굵은 글씨체의 기호, 문자, 숫자의 갯수를 모두 세어 오른쪽 개수에서 찾으시오. 【26~30】

26

7	519727348438751681725491759719

① 2개　　② 4개
③ 6개　　④ 8개

27

ㅇ	이 광야에서 목 놓아 부르게 하리라

① 1개　　② 3개
③ 5개　　④ 7개

28

ㄹ	이 마을 전설이 주저리주저리 열리고

① 2개 ② 4개
③ 6개 ④ 8개

29

∧	∨∃∈⊆⊃∧∩∬∨∧⊂∬∪∀∃⊆⊇Σ∧∃

① 1개 ② 2개
③ 3개 ④ 4개

30

m	I must finish it by tomorrow no matter what

① 1개 ② 2개
③ 3개 ④ 4개

☆ 언어논리

25문항/20분

※ 다음 중 아래의 밑줄 친 ㉠과 같은 의미로 사용된 것을 고르시오. 【1~5】

1

> 영감은 시주를 받으러 온 스님에게 큰 소리를 지르며 쇠똥을 퍼 주었지. 그 때 우물가에서 그 모습을 지켜보던 며느리가 ㉠씻고 있던 쌀을 스님에게 주었지. 그러자 스님은 며느리에게 이 집에 큰 재앙이 닥칠 테니 빨리 몸을 피하라고 애기해 주었지. 그 말을 들은 며느리는 아기를 업고 머리에는 베 짜는 틀을 이고 옆에 개를 불러 산으로 달아났지. 그런데 그 때 갑자기 큰 벼락 치는 소히가 들리지 뭐야. 그 소리에 놀라 뒤를 돌아보는 순간 며느리는 화석이 되고 말았지. 왜냐하면 스님이 절대 뒤를 돌아보아서는 안 된다고 했거든.

① 손님이 갑자기 들이닥치다 보니 주인은 미쳐 기름 묻은 손을 씻을 사이도 없이 그대로 손님을 맞았다.
② 세무 조사에 대한 일부의 의혹을 씻기 위해서는 그 조사 과정이 투명해야 한다.
③ 그에게 천추에 씻지 못할 원한이 맺혔다.
④ 그는 속세와의 인연을 씻고 산으로 들어갔다.
⑤ 그는 한동안의 부진을 씻고 다시 활동을 시작했다.

2

> 노인에게 옛 집을 상기시켜 드리는 것은 당신의 불편스런 심기를 주저앉히기보다 오늘을 더욱더 비참스럽게 느끼게 만들고 있었다. 집을 ㉠고쳐 짓고 싶은 그 은밀스런 소망을 자꾸만 밖으로 후벼 대고 있었다. 아내의 목적은 차라리 그 쪽에 있었던 것 같았다.

① 장마철이 오기 전에 지붕을 고쳐라.
② 그는 나무 상자를 고쳐서 개집을 만들었다.
③ 이 병원은 병을 잘 고친다고 소문이 자자하다.
④ 그녀는 머리 모양을 고치려고 미장원에 들렸다.
⑤ 복권에 당첨되어 신세를 고치다.

3

> 간디는 산업화의 확대 또는 경제 성장이 인간의 참다운 행복에 기여한다고는 결코 생각할 수 없었다. 간디가 구상했던 이상적인 사회는 자기 충족적인 소농촌 공동체를 기본 단위로 하면서 궁극적으로는 중앙 집권적인 국가 기구의 소멸과 더불어 마을 민주주의에 의한 자치가 실현되는 공간이다. 거기에서는 인간을 도외시한 이윤을 위한 이윤 추구도, 물질과 권력에 대한 맹목적인 탐욕도 있을 수가 없다. 이것이 비폭력과 사랑과 유대 속에 어울려 살 때에 사람은 가장 행복하고 자기 완성이 가능하다고 ㉠믿는 사상에 매우 적합한 정치 공동체라 할 수 있다.

① 그 회사 제품이면 믿을 수 있다.
② 저자들은 국법이 금하는 동학을 믿고 있습니다.
③ 그는 나를 착한 사람으로 믿고 있는 눈치였다.
④ 머리만 믿고 공부를 안 하더니 시험에 떨어졌다.
⑤ 형식은 나쁘게 말하면 뻔뻔스럽고 좋게 말하면 옳다고 믿는 일은 서슴없이 해치우는 결단력의 사나이이다.

4

> 그를 우연히 ㉠만난 것은 그가 상처하고 나서도 이삼 년 후 엉뚱하게 정신대 할머니를 돕기 위한 모임에서였다. 뜻밖이었지만, 생전의 그의 아내로부터 귀에 못이 박이게 주입된 선입관이 있는지라 그가 그 모임에 나타난 것도 곱단이하고 연결 지어서 생각되는 걸 어쩔 수가 없었다. 모임이 끝난 후 그가 보이지 않자 나는 마치 범인을 뒤쫓듯이 허겁지겁 행사장을 빠져 나와 저만치 어깨를 축 늘어뜨리고 걸어가는 그를 불러 세웠다. 그리고 다짜고짜 따지듯이 재취 장가를 들었느냐고 물었다. 그는 아니라고 말하고 나서 앞으로도 할 생각이 없다고, 묻지도 않은 말까지 덧붙이는 것이었다.

① 수평선과 하늘이 만나는 지점이 어디인줄 아니?
② 방황하던 시절에, 나는 지금의 나를 있게 해 준 자그마한 책자와 만나게 되었다.
③ 사람들은 재앙을 만나 끝없는 고뇌로 신음할 때에 관세음의 큰 지혜는 훌륭하게 세상의 괴로움에서 구제해 낸다.
④ 길에서 우연히 대학 선배를 만났다.
⑤ 능숙한 선장은 폭풍을 만났을 때에 폭풍에 반항하지 않으며 절망하지고 않는다.

5

> 산의 품평회를 ㉠ 연다면, 여기서 더 호화로울 수 있을까? 문자 그대로 무궁무진이다. 장안사 맞은편 산에 울울창창 우거진 것은 모두 잣나무뿐인데, 모두 이등변삼각형으로 가지를 늘어뜨리고 섰는 품이, 한 그루 한 그루의 나무가 흡사히 괴어 놓은 차례탑 같다. 부처님은 예불상만으로는 미흡해서, 이렇게 자연의 진수성찬을 베풀어 놓은 것일까?

① 나는 만약을 위해 한 번 더 악병의 뚜껑을 열고 수건을 대어 흔들었다.
② 그 회사는 개혁안 확정을 위한 이사회를 다시 열기로 했으나 구체적인 회의 소집 날짜는 정하지 못했다.
③ 아직 교육의 혜택을 제대로 받지 못한 오지에 학교를 열었다.
④ 우리는 각 방면에 걸친 발전을 이룩하여 민주와 번영의 새 시대를 열어야 할 과제를 안고 있다.
⑤ 자기가 하는 일에 마음을 열어야 그 일을 통해 진정한 보람을 느낄 수 있다.

6

㉠~㉢에 들어갈 단어를 순서대로 나타낸 것은?

> • 패러글라이딩(paragliding)이란 낙하산 타기와 행글라이딩을 (㉠)한 항공 스포츠이다.
> • 세 방송사가 각각 치르던 가요 시상식을 (㉡)하자는 의견이 우세해져서, 최근 원칙적인 합의에 이른 것으로 알려졌다.
> • 1차 대전 후, 동유럽의 소련군에 대항하기 위해 서유럽의 여러 나라와 미국이 (㉢)하여 NATO(북대서양조약기구)를 결성하였다.

	㉠	㉡	㉢
①	통합(統合)	결합(結合)	연합(聯合)
②	결합(結合)	연합(聯合)	통합(統合)
③	연합(聯合)	결합(結合)	통합(統合)
④	통합(統合)	연합(聯合)	결합(結合)
⑤	결합(結合)	통합(統合)	연합(聯合)

7 **다음과 같은 표현상의 오류를 범한 것은?**

> 내가 그를 만난 것은 결코 우연한 일이었다.

① 이것은 나의 책이오, 저것은 그의 연필이다.
② 도서관에서 얼굴이 예쁜 그의 누나를 만났다.
③ 그는 길을 가다가 우연치 않게 하영이를 만났다.
④ 나는 휴가 때 할머니를 데리고 온천에 가기로 했다.
⑤ 그 사람은 외모는 몰라도 성격은 별로 변한 것 같다.

8 **다음 글을 바탕으로 '독서'에 관한 글을 쓰려고 할 때, 추론할 수 있는 내용으로 적절하지 않은 것은?**

> 김장을 할 때 제일 중요한 것은 좋은 재료를 선별하는 일입니다. 속이 무른 배추를 쓰거나 질 낮은 소금을 쓰면 김치의 맛이 제대로 나지 않기 때문입니다. 김장에 자신이 없는 경우에는 반드시 경험이 많고 조예가 깊은 어른들의 도움을 받을 필요가 있습니다.
> 한 종류의 김치만 담그는 것보다는 다양한 종류의 김치를 담가 두는 것이 긴 겨울 동안 식탁을 풍성하게 만드는 지혜라는 점도 잊지 말아야 합니다. 더불어 꼭 강조하고 싶은 것은, 어떤 종류의 김치를 얼마나 담글 것인지, 김장을 언제 할 것인지 등에 대한 계획을 미리 세워 두는 것이 매우 중요하다는 점입니다.

① 좋은 책을 골라서 읽기 위해 노력한다.
② 독서한 결과를 정리해 두는 습관을 기른다.
③ 적절한 독서 계획을 세워서 이를 실천한다.
④ 독서를 많이 한 선배나 선생님께 조언을 받는다.
⑤ 특정 분야에 치우치지 말고 다양한 분야의 책을 읽는다.

9 다음 글을 읽고 추론할 수 없는 내용은?

> 어떤 농부가 세상을 떠나며 형에게는 기름진 밭을, 동생에게는 메마른 자갈밭을 물려주었습니다. 형은 별로 신경을 쓰지 않아도 곡식이 잘 자라자 날이 덥거나 궂은 날에는 밭에 나가지 않았습니다. 반면 동생은 메마른 자갈밭을 고르고, 퇴비를 나르며 땀 흘려 일했습니다. 이런 모습을 볼 때마다 형은 "그런 땅에서 농사를 지어 봤자 뭘 얻을 수 있겠어!" 하고 비웃었습니다. 하지만 동생은 형의 비웃음에도 아랑곳하지 않고 자신의 밭을 정성껏 가꾸었습니다. 그로부터 3년의 세월이 지났습니다. 신경을 쓰지 않았던 형의 기름진 밭은 황폐해졌고, 동생의 자갈밭은 옥토로 바뀌었습니다.

① 협력을 통해 공동의 목표를 성취하도록 해야 한다.
② 끊임없이 노력하는 사람은 자신의 미래를 바꿀 수 있다.
③ 환경이 좋다고 해도 노력 없이 이룰 수 있는 것은 없다.
④ 자신의 처지에 안주하면 좋지 않은 결과가 나올 수 있다.
⑤ 열악한 처지를 극복하려면 더 많은 노력을 기울여야 한다.

10 다음 글을 읽고 추론할 수 없는 내용은?

도예를 하고자 하는 사람은 도자기 제작 첫 단계로, 자신이 만들 도자기의 모양과 제작 과정을 먼저 구상해야 합니다. 그 다음에 흙을 준비하여 도자기 모양을 만듭니다.
오늘은 물레를 이용하여 자신이 원하는 도자기 모양을 만드는 방법에 대해 알아보겠습니다. 물레를 이용해서 작업할 때는 정신을 집중하고 자신의 생각을 도자기에 담기 위해 노력해야 할 것입니다. 또한 물레를 돌릴 때는 손과 발을 잘 이용해야 합니다. 손으로는 점토에 가하는 힘을 조절하고 발로는 물레의 회전 속도를 조절합니다. 물레 회전에 의한 원심력과 구심력을 잘 이용할 수 있을 때 자신이 원하는 도자기를 만들 수 있습니다. 처음에는 물레의 속도를 조절하지 못하거나 힘 조절이 안 되어서 도자기의 모양이 일그러질 수 있습니다. 그렇지만 어렵더라도 꾸준히 노력한다면 자신이 원하는 도자기 모양을 만들 수 있을 것입니다.
이렇게 해서 도자기를 빚은 다음에는 그늘에서 천천히 건조시켜야 합니다. 햇볕에서 급히 말리게 되면 갈라지거나 깨질 수 있기 때문입니다.

① 다른 사람의 충고를 받아들여 시행착오를 줄이도록 한다.
② 자신의 관심과 열정을 추구하는 목표에 집중하는 것이 필요하다.
③ 급하게 서두르다가는 일을 그르칠 수 있으므로 여유를 가져야 한다.
④ 중간에 실패하더라도 포기하지 말고 목표를 향해 꾸준하게 노력해야 한다.
⑤ 앞으로 이루려는 일의 내용이나 실현 방법 등에 대하여 미리 생각해야 한다.

※ 다음 글을 읽고 물음에 답하시오. 【11~12】

1950년대 후반 추상표현주의의 주관성과 엄숙성에 반대하여 팝아트가 시작되었다. 팝아트는 매스미디어와 대중문화의 시각 이미지를 적극적으로 수용하고자 했다. 팝송이 대중에 의해 만들어진 것이 아니라 전문가가 만들어 대중에게 파급시켰듯이, 팝아트도 그렇게 대중에게 다가간 예술이다. 팝아트는 텔레비전, 상품 광고, 쇼윈도, 교통 표지판 등 복합적이고 일상적인 것들뿐만 아니라, 코카콜라, 만화 속의 주인공, 대중 스타 등 평범한 소재까지도 미술 속으로 끌어들였다. 그 결과 팝아트는 순수 예술과 대중 예술이라는 이분법적 구조를 불식시켰다. 이런 점에서 팝아트는 당시의 현실을 미술에 적극적으로 수용했다는 긍정적인 측면이 있다. 그러나 팝아트는 다다이즘에서 발원한 반(反)예술 정신을 미학화시켰을 뿐, 상품 미학에 대한 비판적 대안을 제시하기보다는 오히려 소비문화에 굴복했다는 비판을 받기도 했다. 이러한 팝아트는 직물 무늬 디자인에 영향을 끼쳤다. 목 주위로 돌아가면서 그려진 구슬 무늬, 벨트가 아니면서 벨트처럼 보이는 무늬, 뒤에서 열리지만 마치 앞에 달린 것처럼 찍힌 지퍼 무늬 등이 그것이다. 이처럼 착시 효과를 내는 무늬들은 앤디 워홀이 실크스크린으로 찍은 캠벨 수프 깡통, 실제 빨래집게를 크게 확대한 올덴버그의 작품이나, 존스가 그린 성조기처럼 평범한 사물을 확대하거나 그대로 옮겨 그린 것과 그 맥을 같이한다. 한편 옵아트는 순수한 시각적 미술을 표방하며 팝아트보다 다소 늦은 1960년대에 등장했다. 옵아트를 표방하는 사람들은 옵아트란 아무런 의미도 담지 않은 순수한 추상미술을 추구하기 위해 탄생된 미술이라고 주장한다. 이를 위해 그들은 가장 단순한 선, 형태, 명도 대비, 색, 점들을 나란히 놓아서 눈이 어지러운 시각적 효과를 만들어냈다. 그들은 옵아트가 색과 형태의 정적인 힘을 변화시켜 동적인 반응을 유발하고, 이를 통해 시각의 기능이 활성화된다고 주장했다. 또한 옵아트는 기존의 조화와 질서를 중시하던 일반적인 미술이나 구성주의적 추상 미술과는 달리, 사상이나 정서와는 무관하게 원근법상의 착시, 색채의 장력을 통하여 순수한 시각적 효과를 추구했다. 그리고 빛이나 색, 또는 형태를 통하여 3차원적인 다이나믹한 움직임을 보여 주기도 했다. 그러나 옵아트는 지나치게 지적이고 조직적이며 차가운 느낌을 주기 때문에 인문과학보다는 자연과학에 더 가까운 예술이다. 이러한 특성 때문에 옵아트 옹호자들은 옵아트가 시각적 경험에 대한 과학적인 연구를 바탕으로 한 결과라고 주장한다. 옵아트는 특히 직물의 무늬 디자인에 상당한 영향을 끼쳤다. 줄무늬나 체크무늬 등 시각적 착시를 일으키는 디자인 가운데는 옵아트의 직접적인 영향을 받은 것이 상당수 있다. 한편 옵아트는 사고와 정서가 배제된 계산된 예술이고 오로지 착시를 유도하여 수수께끼를 즐기는 것에 불과하다는 비판을 받기도 했다.

11 **위 글을 통해 내용을 확인할 수 없는 질문은?**

① 팝아트의 소재는 무엇인가?
② 팝아트에 대한 평가는 어떠한가?
③ 옵아트는 어떤 경향을 띠고 있는가?
④ 옵아트의 대표적 예술가는 누구인가?
⑤ 옵아트는 어떤 분야에 영향을 미쳤는가?

12 **위 글의 내용 전개상 특징을 바르게 묶은 것은?**

> ㉠ 대상의 특성을 밝히고 한계점을 언급하고 있다.
> ㉡ 구체적 사례를 들어 독자들의 이해를 돕고 있다.
> ㉢ 전문가의 연구 결과를 소개하여 독자의 이해를 돕고 있다.
> ㉣ 대상의 등장 배경을 소개하고 발전 방향도 전망하고 있다.

① ㉠㉡
② ㉠㉢
③ ㉡㉢
④ ㉡㉣
⑤ ㉢㉣

※ 다음 글을 읽고 물음에 답하시오. 【13~14】

현대는 콘텐츠의 시대다. 콘텐츠가 시대적 화두가 되고 있지만 사실 우리는 콘텐츠라는 용어에 대해 합의된 정의조차 내리지 못하고 있다. 콘텐츠란 무엇인가? 콘텐츠(contents)의 사전적 의미는 '내용이나 목차'이다. 우리 일상에서도 콘텐츠란 말은 너무나 자주 사용된다. 내용에 해당되는 것이 콘텐츠겠지만 문화콘텐츠, 인문콘텐츠, 디지털콘텐츠라는 용어에서의 콘텐츠가 과연 단순한 내용물을 이야기하는 것일까? 콘텐츠는 단순한 내용물이 아니다. 결론부터 말하자면 콘텐츠는 테크놀로지를 전제로 하거나 테크놀로지와 결합된 내용물이라고 할 수 있다. 원론적으로 콘텐츠는 미디어를 필요로 한다. 미디어는 기술의 발현물이다. 텔레비전이라는 미디어는 기술의 산물이지만 여기에는 프로그램 영상물이라는 콘텐츠를 담고 있으며, 책이라는 기술미디어에는 지식콘텐츠를 담고 있다. 결국 미디어와 콘텐츠는 분리될 수 없는 결합물이다. 시대가 시대이니만큼 콘텐츠의 중요함은 새삼 강조할 필요가 없어 보인다. 그러나 콘텐츠만 강조하는 것은 의미가 없다. 콘텐츠는 본질적으로 내용일 텐데, 그 내용은 결국 미디어라는 형식이나 도구를 빌어 표현될 수밖에 없기 때문이다. 그러므로 아무리 우수한 콘텐츠를 가지고 있더라도 미디어의 발전이 없다면 콘텐츠는 표현의 한계를 가질 수밖에 없다. 문화도 마찬가지이다. 문화의 내용이나 콘텐츠는 중요하다. 하지만 일반적으로 사람들은 문화를 향유할 때, 콘텐츠를 선택하기에 앞서 미디어를 먼저 결정한다. 전쟁물, 공포물을 감상할까 아니면 멜로나 판타지를 감상할까를 먼저 결정하는 것이 아니라 영화를 볼까 연극을 볼까 아니면 TV를 볼까 하는 선택이 먼저라는 것이다. 그런 다음, 영화를 볼 거면 어떤 개봉 영화를 볼까를 결정한다. 어떤 내용이냐도 중요하지만 어떤 형식이냐가 먼저이다. 가령, 〈태극기 휘날리며〉나 〈실미도〉라는 대중적인 흥행물은 영화라는 미디어를 통해 메시지를 전달하고 있다. 〈태극기 휘날리며〉나 〈실미도〉는 책으로 읽을 수도 있고, 연극으로 감상할 수도 있다. 하지만 흥행에 성공한 것은 영화라는 미디어였다. 여기서 중요한 것은 메시지나 콘텐츠를 어떤 미디어를 통해 접하는가이다. 아무래도 영화로 생생한 감동을 느끼는 〈태극기 휘날리며〉와 차분히 책장을 넘기며 감상하는 〈태극기 휘날리며〉는 수용자의 입장에서 보면 큰 차이가 있다. 감각을 활용하는 것은 콘텐츠보다는 미디어와 관련이 있다. 따라서 미디어의 차이는 단순한 도구의 차이가 아니라 메시지의 수용과도 연결된다. 요컨대 미디어는 단순한 기술이나 도구가 아니다. 미디어는 콘텐츠를 표현하고 실현하는 최종적인 창구이다. 시대적으로 콘텐츠의 중요성이 강조되고 있지만 이에 못지않게 미디어의 중요성이 부각되어야 할 것이다. 콘텐츠가 아무리 좋아도 이를 문화 예술적으로 완성시켜 줄 미디어 기술이 없으면 콘텐츠는 대중적인 반향을 불러일으킬 수 없고 부가 가치를 창출할 수도 없기 때문이다.

13 **위 글의 제목으로 적절한 것은?**

① 테크놀로지의 미래
② 콘텐츠의 경제적 가치
③ 콘텐츠와 미디어의 관계
④ 테크놀로지의 수용 태도
⑤ 콘텐츠와 미디어 기술의 변천 과정

14 **위 글의 논지 전개상 특징으로 가장 적절한 것은?**

① 구체적인 사례를 들어 독자의 이해를 돕고 있다.
② 상반되는 견해를 제시한 후 합일점을 찾아가고 있다.
③ 추상적인 내용을 익숙한 경험에 비유하여 설명하고 있다.
④ 가설을 소개하고 가설이 지닌 의의 및 한계를 분석하고 있다.
⑤ 일반적 진술에서 필연적이고 구체적인 사실을 이끌어내고 있다.

※ 다음 글을 읽고 물음에 답하시오. 【15~16】

화석 연료에만 의존한 에너지 사용은 국가 간의 분쟁뿐 아니라 전 지구적인 기후 변화를 일으킨다. 지금 지구는 화석 연료로부터 배출된 온실 가스로 인한 온난화 현상으로 골치를 썩고 있으며 기상 이변도 해마다 늘어나 그 피해도 점점 커지고 있다. 따라서 수많은 문제를 일으키는 원인이 되며 머지않아 고갈될 것으로 추정되는 화석 연료를 계속해서 사용하는 것은 미래의 후손을 고려하지 않는 무책임한 행위이다. 무언가 화석 연료를 대신할 방안을 찾아야 한다. 원자력이 대안이 될 수는 없다. 위험할 뿐만 아니라 역시 언젠가는 고갈되기 때문이다. 현재 전 세계에는 430개 정도의 원자로가 있다. 이것이 1,000개로 늘어나면 우라늄의 사용 연한은 이에 반비례해서 줄어든다. 그렇다면 고갈되지 않고 기후 변화도 일으키지 않으며 안전한 에너지 자원을 찾아야 하는데, 그것이 바로 태양열이나 바람과 같은 재생 가능 에너지원이다. 재생 가능 에너지는 대체 에너지와는 다르다. 어떤 에너지원을 대신하는 것으로 우라늄을 이용한다면, 우라늄이 대체 에너지원이 된다. 또 석유 대신 쓰레기를 태워서 에너지를 얻는다면 쓰레기가 대체 에너지원이 된다. 미국에서 북한에 원자력 발전소가 완공될 때까지 공급하겠다고 약속했던 중유도 우라늄을 대신한다는 의미에서는 대체 에너지원이라고 부른다. 그런데 우라늄이나 쓰레기는 쓰면 없어져 버리기 때문에 재생 가능한 것이 아니다. 이것들과 달리 재생 가능 에너지원은 사용해도 없어지지 않고 다시 생겨난다. 태양열은 태양이 존재하는 한 사라지지 않는다. 풍력도 지구상에서 바람이 부는 동안은 끊임없이 생겨난다. 이렇게 한 번 쓰면 없어지는 것이 아니라 언제까지든지 계속 쓸 수 있는 것을 '재생 가능 에너지원'이라고 한다. 재생 가능 에너지원은 고갈되지도 않지만 기후 변화도 일으키지 않는다. 태양열, 바람, 지열 같은 재생 가능 에너지원은 이산화탄소를 내놓지 않고, 따라서 기후 변화도 유발하지 않는다. 재생 가능 에너지원은 지구상에 골고루 존재한다. 태양에서 1년 동안 지구로 오는 태양열은 인류가 1년 간 사용하는 에너지의 1만 배가량이나 된다. 사하라 사막에는 1년에 1㎡ 당 약 2,100kWh(킬로와트시)의 햇빛이 내리쬐는데, 전 세계 인류가 1년 동안 사용하는 에너지는 사하라 사막 4만㎢에 비치는 햇빛이 담고 있는 태양 에너지와 같은 양이다. 우리가 이 에너지원의 10%만을 열이나 전기 에너지의 형태로 바꾸어 사용한다 해도, 인류 전체에 공급할 수 있는 에너지를 얻는 데 필요한 사하라 사막의 면적은 약 40만㎢가 된다. 즉, 재생 가능 에너지원은 충분히 존재한다. 재생 가능 에너지원을 이용할 수 있는 기술은 현재 아주 다양하게 개발되어 있다. 햇빛으로 전기를 만드는 태양광 발전 기술과 햇빛을 이용해서 난방열과 온수를 만드는 태양열 집열판 기술, 바람으로 전기를 만드는 풍력 발전 기술과 소수력 발전* 기술은 이미 널리 사용되고 있다. 그리고 지열(地熱)과 바이오매스를 이용해서 전기와 난방열을 얻는 기술이 개발되어 퍼져 가고 있다. 화석 연료가 완전히 고갈되고 지구 온난화로 인한 기상 이변이 극심해지는 시점에는 에너지 전환이 완결되어야 한다. 그 시점은 앞으로 약 50년 후가 될 터인데, 그때까지 재생 가능 에너지 이용을 크게 늘리는 노력을 기울여야만 에너지 전환을 성공적으로 이룩할 수 있을 것이다.

15 **위 글을 통해 해결할 수 없는 질문은?**

① 화석 연료와 원자력의 문제점은 무엇인가?
② 대체 에너지와 재생 가능 에너지의 차이점은 무엇인가?
③ 재생 가능 에너지는 현재 인류가 사용할 만큼 충분한가?
④ 미래 사회에서 예상되는 에너지 소비량은 어느 정도인가?
⑤ 재생 가능 에너지를 이용할 수 있는 기술은 개발되어 있는가?

16 **위 글을 읽은 후의 반응으로 적절하지 않은 것은?**

① 후손을 위해 화석 연료 사용량을 줄여야 한다.
② 에너지 문제가 국가 간 분쟁의 원인이 되기도 한다.
③ 전 지구적 차원의 문제를 우리나라만의 문제인 것처럼 이야기하고 있다.
④ 에너지의 효율적인 사용을 통해 에너지 문제를 해결하려는 노력도 필요하다.
⑤ 무심하게 지나치던 자연 현상 중에서도 훌륭한 에너지 자원을 찾을 수 있다.

※ 다음 글을 읽고 물음에 답하시오. 【17~18】

신문이나 잡지는 대부분 유료로 판매된다. 반면에 인터넷 뉴스 사이트는 신문이나 잡지의 기사와 같거나 비슷한 내용을 무료로 제공한다. 왜 이런 현상이 발생하는 것일까?
이 현상 속에는 경제학적 배경이 숨어 있다. 대체로 상품의 가격은 그 상품을 생산하는 데 드는 비용의 언저리에서 결정된다. 생산 비용이 많이 들면 들수록 상품의 가격이 상승하는 것이다. 그런데 인터넷에 게재되는 기사를 생산하는 데 드는 비용은 0에 가깝다. 기자가 컴퓨터로 작성한 기사를 신문사 편집실로 보내 종이 신문에 게재하고, 그 기사를 그대로 재활용하여 인터넷 뉴스 사이트에 올리기 때문이다. 또한 인터넷 뉴스 사이트 방문자 수가 증가하면 사이트에 걸어 놓은 광고에 대한 수입도 증가하게 된다. 이러한 이유로 신문사들은 경쟁적으로 인터넷 뉴스 사이트를 개설하여 무료로 운영했던 것이다.
그런데 무료 인터넷 뉴스 사이트를 이용하는 사람들이 폭발적으로 늘어나면서 돈을 지불하고 신문이나 잡지를 구독하는 사람들이 점점 줄어들기 시작했다. 그 결과 언론사들의 수익률이 감소하여 재정이 악화되었다. 문제는 여기서 그치지 않는다. 언론사들의 재정적 악화는 깊이 있고 정확한 뉴스를 생산하는 그들의 능력을 저하시키거나 사라지게 할 수도 있다. 결국 그로 인한 피해는 뉴스를 이용하는 소비자에게로 되돌아 올 것이다.
그래서 언론사들, 특히 신문사들의 재정 악화 개선을 위해 인터넷 뉴스를 유료화해야 한다는 의견이 있다. 하지만 그러한 주장을 현실화하는 것은 그리 간단하지 않다. 소비자들은 어떤 상품을 구매할 때 그 상품의 가격이 얼마 정도면 구입할 것이고, 얼마 이상이면 구입하지 않겠다는 마음의 선을 긋는다. 이 선의 최대치가 바로 최대지불의사(willingness to pay)이다. 소비자들의 머릿속에 한 번 각인된 최대지불의사는 좀처럼 변하지 않는 특성이 있다. 인터넷 뉴스의 경우 오랫동안 소비자에게 무료로 제공되었고, 그러는 사이 인터넷 뉴스에 대한 소비자들의 최대지불의사도 0으로 굳어진 것이다. 그런데 이제 와서 무료로 이용하던 정보를 유료화한다면 소비자들은 여러 이유를 들어 불만을 토로할 것이다. 해외 신문 중 일부 경제 전문지는 이러한 문제를 성공적으로 해결했다. 그들은 매우 전문화되고 깊이 있는 기사를 작성하여 소비자에게 제공하는 대신 인터넷 뉴스 사이트를 유료화했다. 그럼에도 불구하고 많은 소비자들이 기꺼이 돈을 지불하고 이들 사이트의 기사를 이용하고 있다. 전문화되고 맞춤화된 뉴스일수록 유료화 잠재력이 높은 것이다. 이처럼 제대로 된 뉴스를 만드는 공급자와 제값을 내고 제대로 된 뉴스를 소비하는 수요자가 만나는 순간 문제 해결의 실마리를 찾을 수 있을 것이다.

17 **글쓴이의 견해에 바탕이 되는 경제관으로 적절하지 않은 것은?**

① 경제적 이해관계는 사회 현상의 변화를 초래한다.

② 상품의 가격이 상승할수록 소비자의 수요가 증가한다.

③ 소비자들의 최대지불의사는 상품의 구매 결정과 밀접한 관련이 있다.

④ 일반적으로 상품의 가격은 상품 생산의 비용과 가까운 수준에서 결정된다.

⑤ 적정 수준의 상품 가격이 형성될 때, 소비자의 권익과 생산자의 이익이 보장된다.

18 **위 글을 읽은 독자들의 반응으로 적절하지 않은 것은?**

① 정보를 이용할 때 정보의 가치에 상응하는 이용료를 지불하는 것은 당연한 거라고 생각한다.

② 현재 무료인 인터넷 뉴스 사이트를 유료화하려면 먼저 전문적이고 깊이 있는 기사를 제공해야만 한다.

③ 인터넷 뉴스가 광고를 통해 수익을 내는 경우도 있으니, 신문사의 재정을 악화시키는 것만은 아니다.

④ 인터넷 뉴스 사이트 유료화가 정확하고 공정한 기사를 양산하는 결과에 직결되는 것은 아니다.

⑤ 인터넷 뉴스만 보는 독자들의 행위가 질 나쁜 뉴스를 생산하게 만드는 근본적인 원인이니까, 종이 신문을 많이 구독해야 하겠다.

※ 다음 글을 읽고 물음에 답하시오. 【19~20】

세계의 여러 나라는 경제 성장이 국민 소득을 높여주고 물질적인 풍요를 가져다주는 것으로 보고, 이와 관련된 여러 지표를 바탕으로 국가를 경영하고 있다. 만일, 경제 성장으로 인해 우리의 소득이 증가하고 또 물질적인 풍요가 이루어진다면 우리는 행복한 생활을 누리게 되는 것일까? 이러한 의문을 처음 제기한 사람은 미국의 이스털린 교수이다. 그는 여러 국가를 대상으로 다년간의 조사를 실시하여 사람들이 느끼는 행복감을 지수화하였다. 그 결과 한 국가 내에서는 소득이 높은 사람이 낮은 사람에 비해 행복하다고 응답하는 편이었으나, 국가별 비교에서는 이와 다른 결과가 나타났다. 즉, 소득 수준이 높은 국가의 국민들이 느끼는 행복 지수와 소득 수준이 낮은 국가의 국민들이 느끼는 행복 지수가 거의 비슷하게 나온 것이다. 아울러 한 국가 내에서 가난했던 시기와 부유해진 이후의 행복감을 비교해도 행복감을 느끼는 사람의 비율이 별로 달라지지 않았다는 사실을 확인했다. 이처럼 최저의 생활수준만 벗어나 일정한 수준에 다다르면 경제 성장은 개인의 행복에 이바지하지 못하게 되는데, 이러한 현상을 가리켜 '이스털린의 역설'이라 부른다. 만일 행복이 경제력과 비례한다면 소득 수준이 높을수록 더 행복해져야 하고 또 국민 소득이 높을수록 사회 전체가 행복해져야 할 것이다. 그러나 이스털린의 조사에서 확인할 수 있듯이, 행복과 경제력은 비례하지 않는다. 즉, 사회 전체의 차원의 소득 수준이 높아진다고 해서 행복하게 느끼는 사람의 비율이 함께 증가하지 않는 것이다. 이스털린 이후에도 많은 학자들은 행복과 소득의 관련성에 관심을 갖고 왜 이러한 괴리 현상이 나타나는지 연구했다. 이들은 우선 사람들이 행복을 자신의 절대적인 수준이 아닌 다른 사람과 비교한 상대적인 수준에서 느끼는 것으로 보았다. 그리고 시간이 지나면서 늘어난 자신의 소득에 적응하게 되면 행복감이 이전보다 둔화된다고 보았다. 또 '인간 욕구 단계설'을 근거로 소득이 높아지면 의식주와 같은 기본 욕구보다 성취감과 같은 자아실현 욕구가 강해지므로 행복의 질이 달라진다고 해석했다. 이러한 연구 결과를 바탕으로 이들은 부유한 국가일수록 경제 성장보다는 분배 정책과 함께 자아실현의 기회를 늘려주는 정책을 펴야 한다고 주장하고 있다. 1인당 국민소득이 1만 달러에서 2만 달러로 올라간다고 해도 사람들이 그만큼 더 행복해진다고 말하기는 어렵다. 즉, 경제 성장이 사람들의 소득 수준을 전반적으로 향상시켜 경제적인 부유함을 더 누릴 수 있게 할 수는 있어도 행복감마저 그만큼 더 높여줄 수는 없는 것이다. 한 마디로 [ⓐ]

19 위 글의 내용과 일치하지 않는 것은?

① 이스털린은 사람이 느끼는 행복감을 지수로 만들었다.
② 이스털린 이후에도 행복과 소득의 상관성에 대한 연구가 이루어졌다.
③ 이스털린의 국가별 비교 조사에서는 가난한 국가의 국민일수록 행복감이 높음을 보여주고 있다.
④ 이스털린과 같은 관점의 연구자는 부유한 국가일수록 분배 정책을 기본으로 삼아야 한다고 주장한다.
⑤ 이스털린은 한 국가 안에서 소득 수준이 서로 다른 두 시기의 행복감이 별다른 차이가 없다고 보았다.

20 글의 흐름을 고려할 때, ⓐ에 들어갈 말로 가장 적절한 것은?

① 행복은 소득과 꼭 정비례하는 것은 아니다.
② 개인은 자아를 실현할 때 행복을 얻게 되는 것이다.
③ 국가가 국민의 행복감을 좌우할 수 있는 것은 아니다.
④ 개개인의 마음가짐이 행복을 결정한다고 말할 수 있다.
⑤ 행복은 성장보다 분배를 더 중시할 때 이루어질 수 있다.

21 다음은 어떤 글을 쓰기 위한 자료들을 모아 놓은 것이다. 이들 자료를 바탕으로 쓸 수 있는 글의 주제는?

> ㉠ 소크라테스는 '악법도 법이다.'라는 말을 남기고 독이 든 술을 태연히 마셨다.
> ㉡ 도덕적으로는 명백하게 비난할 만한 행위일지라도, 법률에 규정되어 있지 않으면 처벌할 수 없다.
> ㉢ 개 같이 벌어서 정승같이 쓴다는 말도 있지만, 그렇다고 정당하지 않은 방법까지 써서 돈을 벌어도 좋다는 뜻은 아니다.
> ㉣ 주요섭의 '사랑방 손님과 어머니'라는 작품은, 서로 사랑하면서도 관습 때문에 헤어져야 하는 청년과 한 미망인에 대한 이야기이다.

① 신념과 행위의 일관성은 인간으로서 지켜야 할 마지막 덕목이다.
② 도덕성의 회복이야말로 현대 사회의 병리를 치유할 수 있는 최선의 방법이다.
③ 개인적 신념에 배치된다 할지라도, 사회 구성원이 합의한 규약은 지켜야 한다.
④ 현실이 부조리하다 하더라도, 그저 안주하거나 외면하지 말고 당당히 맞서야 한다.
⑤ 부정적인 세계관은 결코 현실을 개혁하지 못하므로 적극적 · 긍정적인 세계관의 확립이 필요하다.

22 다음 속담의 공통적인 의미와 가장 거리가 먼 것은?

> • 부뚜막의 소금도 집어넣어야 짜다.
> • 구슬이 서 말이라도 꿰어야 보배이다.
> • 천 리 길도 한 걸음부터.

① 노력　　② 실천
③ 시행　　④ 인내
⑤ 착수

23 다음 문장의 빈칸에 공통으로 들어갈 말은?

• 술을 (   ).
• 김장을 (   ).
• 시냇물에 발을 (   ).

① 익히다
② 거르다
③ 적시다
④ 따르다
⑤ 담그다

24 다음 설명에 해당하는 단어는?

고기나 생선, 채소 따위를 양념하여 국물이 거의 없게 바짝 끓이다.

① 달이다
② 줄이다
③ 조리다
④ 말리다
⑤ 졸이다

25 다음 중 우리말이 맞춤법에 따라 올바르게 사용된 것은?

① 허위적허위적
② 괴퍅하다
③ 미류나무
④ 케케묵다
⑤ 닐리리

☆ 자료해석

20문항/25분

1 **다음과 같이 갑은 6시간 동안 a, b, c 세 개의 도로를 자동차로 이동하였다.**

구분 \ 도로	a	b	c
소요 시간(시)	3	2	1
평균속력(km/시)	100	60	30

이 때, 6시간 동안 이동한 이 자동차의 평균속력은 x km/시이다. x의 값은?

① 70
② 75
③ 80
④ 85

2 **다음은 어느 회사에서 신제품 A의 가격을 정하기 위하여 시장 조사를 한 결과이다.**

(가) A의 가격을 100만 원으로 정하면 판매량은 2,400대이다.
(나) A의 가격을 만 원 인상할 때마다 판매량은 20대씩 줄어든다.

신제품 A를 판매하여 얻은 전체 판매 금액이 최대가 되도록 하는 A의 가격은 a만 원이다. a의 값을 구하면? (단, A의 가격은 100만 원 이상이다.)

① 100
② 105
③ 110
④ 115

3 가격이 500원, 700월, 900원인 세 종류의 음료수를 선택할 수 있는 자판기에서 현금 28,000원을 남김없이 사용하여 40개의 음료수를 사려고 한다. 세 종류의 음료수를 각각 두 개 이상씩 산다고 할 때, 가격이 500원인 음료수의 최대 개수는? (단, 자판기에는 각 음료수가 충분히 들어 있다고 가정한다)

① 16　　② 17

③ 18　　④ 19

4 갑과 을은 공장에 있는 상자를 창고 A로 옮기고, 병은 창고 A에 옮겨진 상자를 창고 B로 옮기는 작업을 하려고 한다. 창고 A가 가득 차면 작업을 멈춘다고 할 때, 빈 창고 A에 상자가 가득 채워지는데 걸리는 시간은 다음과 같다.

(가) 갑과 을 두 사람만 작업을 한 경우, 걸리는 총 시간은 6시간이다. (나) 갑과 을이 작업을 시작한지 5시간 후에 을이 작업을 멈추는 동시에 병이 작업을 시작한 경우, 걸리는 총 시간은 15시간이다. (다) 갑, 을, 병 세 사람이 동시에 작업을 한 경우, 걸리는 총 시간은 12시간이다.

을과 병은 작업을 하지 않고 갑만 작업을 하여 빈 창고 A에 상자를 가득 채울 때, 걸리는 시간은? (단, 갑, 을, 병 세 사람의 시간당 한 일의 양은 각각 일정하다.)

① 8시간　　② 9시간

③ 10시간　　④ 11시간

5 다음은 어느 해 학교급별 특수학급 현황을 나타낸 표이다. 이에 대한 설명 중 옳지 않은 것은?

학교급	구분	학교 수	장애학생 배치학교 수	특수학급 설치학교 수
초등학교	국공립	5,868	4,596	3,688
	사립	76	16	4
중학교	국공립	2,581	1,903	1,360
	사립	571	309	52
고등학교	국공립	1,335	1,013	691
	사립	948	494	56
전체	국공립	9,784	7,512	5,719
	사립	1,595	819	112

※ 특수학급 설치율(%) = (특수학급 설치학교 수 / 장애학생 배치학교 수) × 100

① 모든 학교급에서 국공립학교의 특수학급 설치율은 50% 이상이다.

② 학교 수에서 장애학생 배치학교 수가 차지하는 비율은 사립초등학교가 사립중학교보다 낮다.

③ 사립고등학교와 국공립고등학교의 특수학급 설치율은 50%p 이상 차이나지 않는다.

④ 전체 사립학교와 전체 국공립학교의 특수학급 설치율은 50%p 이상 차이난다.

6 어떤 나라의 GDP가 아래의 표와 같다고 가정할 때, 이 나라의 2019년 경제성장률은?

(단위 : 조 원)

연도	명목 GDP	실질 GDP
2018	1,020	1,000
2019	1,072	1,010

① 1%　　② 2%

③ 3%　　④ 5%

7 다음 자료에 대하여 올바르게 분석한 것은 모두 고르면?

당음 표는 외국계 기업의 미국인과 일본인 직원의 현황 중 일부를 나타낸 것이다. 이 기업의 전체 직원수는 2,000명이며, 미국인과 일본인을 제외하면 모두 한국인이다.

단위 : %

구분	남성	여성	합계
미국인	25.0	25.0	25.0
일본인	12.5	25.0	20.0

국적별 남성(여성) 직원 비율(%)= $\frac{\text{국적별 남성(여성) 직원수}}{\text{남성(여성) 직원수}} \times 100$

합계 비율(%)= $\frac{\text{국적별 직원수}}{\text{전체 직원수}} \times 100$

㉠ 외국인보다 한국인 직원이 더 많다.
㉡ 미국인 직원 중 남성이 차지하는 비율은 25%이다.
㉢ 일본인 직원 중 여성은 남성 직원수의 3배이다.
㉣ 미국인 남성 직원과 일본인 여성 직원의 수는 같다.

① ㉠㉡　　② ㉠㉢

③ ㉡㉢　　④ ㉢㉣

8 서원각은 전일 온라인으로 주문받은 제품의 케이스와 전자 제품을 별개로 포장하여 택배로 배송하였다. 제품 케이스 하나의 무게는 1.8kg으로 택배 비용은 총 46,000원이고, 전자 제품은 무게가 개당 2.5kg으로 총 56,000원의 택배 비용이 들었다. 배송처는 서울과 지방에 산재해 있으며, 각 배송처로 전자 제품과 제품 케이스가 각각 하나씩 배송되었다. 이 제품이 배달된 배송처는 모두 몇 곳인가? (단, 각 배송처에는 제품과 제품 케이스가 하나씩 배달되었고 택배 요금은 다음 표와 같다)

구분	2kg 이하	4kg 이하	6kg 이하	8kg 이하
서울	4,000원	5,000원	7,000원	9,000원
지방	5,000원	6,000원	8,000원	11,000원

① 4곳　　② 8곳
③ 10곳　　④ 12곳

9 코레일은 열차 노선별로 20~50% 할인한 특별승차권을 판매 중이다. 승차권 예매 후 구매 당일 반환하면 수수료가 무료이지만, 예매 다음날부터 열차 출발 1일 이전까지 20%, 당일 출발 시각 전까지 30%, 열차 출발 이후 70%의 취소, 반환수수료가 발생한다. 김 과장은 지방 출장을 위해 할인율이 40%인 특별 승차권을 예매하였다. 출장 당일 일정 취소로 열차 출발 시각 이전에 예매를 취소하였고, 김 과장이 반환금으로 돌려받은 금액은 14,700원이었다. 김 과장이 구매했던 승차권의 특별 할인 이전 금액은 얼마인가?

① 52,500원　　② 45,000원
③ 37,500원　　④ 35,000원

※ 다음을 보고 물음에 답하시오. 【10~12】

A 보험사가 담보하고 있는 K시의 소유형태별 택시사고 현황

구분		사고유무		
		무사고운행	사고운행	총 운행
소유형태	회사택시	920	80	1,000
	지입택시	470	30	500
	개인택시	290	10	300
	계	1,680	120	1,800

※ 1) 지입은 개인이 소유한 차량으로 회사명의로 운행되는 택시임.

2) $사고율 = \frac{사고운행}{총\ 운행} \times 100$

3) $사고부담률 = \frac{소유형태별\ 사고율}{총\ 사고율} \times 100$

10 택시 형태별 사고율이 가장 높은 것과 가장 낮은 것을 순서대로 나열한 것은?

① 회사택시, 개인택시 ② 지입택시, 회사택시
③ 지입택시, 개인택시 ④ 개인택시, 회사택시

11 회사택시의 사고부담률은 개인택시의 사고부담률의 몇 배인가?

① 2배 이하 ② 2.4배
③ 3.8배 ④ 4배 이상

12 지입택시의 사고부담률은 얼마인가?

① 45% ② 50%
③ 78% ④ 91%

13 자동차의 정지거리는 공주거리와 제동거리의 합이다. 공주거리는 공주시간 동안 진행한 거리이며, 공주시간은 주행 중 운전자가 전방의 위험상황을 발견하고 브레이크를 밟아서 실제 제동이 시작이 될 때까지 걸리는 시간이다. 자동차의 평균 제동 거리가 다음 표와 같을 때, 시속 72km로 달리는 자동차의 평균정지거리는 몇 m인가? (단, 공주시간은 1초로 가정한다.)

속도(km)	12	24	36	48	60	72
평균제동거리(m)	1	4	9	16	25	36

① 52 ② 54
③ 56 ④ 58

14 A, B, C, D 학급이 함께 본 모의고사의 수학과목 평균이 10점 만점에 6점으로 발표되었다. A, B, C 학급은 다음과 같이 학급 평균성적을 공개하였지만 D 학급은 평균점수를 공개하지 않았다. D 학급의 평균 점수는?

학급	A	B	C	D
평균	5.0	7.0	6.0	?
학생수	30	20	30	20

① 5.5 ② 5.8
③ 6.2 ④ 6.5

15 다음은 어느 고등학교 학생 312명의 주요 통학수단과 통학시간을 조사한 표이다. 임의로 선택된 한 학생의 통학시간이 1시간 미만이거나 주요 통학수단이 버스일 확률은?

통학수단 / 통학시간	지하철	버스	계
1시간 미만	78	47	125
1시간 이상	64	123	187
계	142	170	312

① $\frac{78}{125}$
② $\frac{78}{170}$
③ $\frac{170}{312}$
④ $\frac{248}{312}$

16 다음은 세 골프 선수 갑, 을, 병의 9개 홀에 대한 경기결과를 나타낸 표이다. 이에 대한 설명으로 옳은 것을 모두 고른 것은?

홀번호	1	2	3	4	5	6	7	8	9	타수 합계
기준 타수	3	4	5	3	4	4	4	5	4	36
갑	0	x	0	0	0	0	x	0	0	34
을	x	0	0	0	y	0	0	y	0	(　　)
병	0	0	0	x	0	0	0	y	0	36

※ 기준 타수 : 홀마다 정해져 있는 타수를 말함

※ x, y는 개인 타수－기준 타수의 값 0은 기준 타수와 개인 타수가 동일함을 의미

㉠ x는 기준 타수보다 1타를 적게 친 것을 의미한다.
㉡ 9개 홀의 타수의 합은 갑와 을이 동일하다.
㉢ 세 선수 중에서 타수의 합이 가장 적은 선수는 갑이다.

① ㉠㉡
② ㉡㉢
③ ㉠㉢
④ ㉠㉡㉢

17 다음은 서원고등학교 3학년 1반의 학생들의 휴대전화와 노트북 보유 현황이다. 휴대전화와 노트북이 모두 없는 학생이 10명이라면, 휴대전화와 노트북을 모두 가지고 있는 학생의 수는?

구분	보유	미보유
휴대전화	75명	25명
노트북	40명	60명

① 15명　② 25명
③ 35명　④ 45명

18 다음은 ○○도시의 A, B, C 세 지역에서 운영중인 도서관 출입현황에 대한 자료이다. ○○도시는 도서관 출입건수에 따라 각 지역별 도서관시설 정비예산을 책정하려고 한다. 다음 자료에 의하여 A지역 주민 1인당 책정되는 예산은 얼마인가? (딘. 경기도 도서관 정비사업 예산은 총 10억 원이 책정되어 있다)

○○도시의 도서관 운영현황

	인구(천명)	출입건수(건)	총 이용자 수(명)
A지역	30	3,000	4,538
B지역	50	4,500	5,690
C지역	40	2,500	3,260

① 6,250원　② 9,000원
③ 10,000원　④ 100,000원

19 다음 표를 보고 옳은 설명으로 모두 고른 것은?

(단위 : 천원)

구분	A	B	C	D
자기자본	100,000	500,000	250,000	80,000
액면가	5	5	0.5	1
순이익	10,000	200,000	125,000	60,000
주식가격	10	15	8	12

※ 자기자본 순이익률= $\frac{\text{순이익}}{\text{자기자본}}$

※ 주당 순이익= $\frac{\text{순이익}}{\text{발행 주식 수}}$

※ 자기자본=발행 주식 수×액면가

㉠ 주당 순이익은 A 기업이 가장 낮다.
㉡ 주당 순이익이 높을수록 주식가격이 높다.
㉢ B 기업의 발행 주식 수는 A 기업의 발행 주식 수의 3배이다.
㉣ 1원의 자기자본에 대한 순이익은 C 기업이 가장 높고, A 기업이 가장 낮다.

① ㉠
② ㉡
③ ㉠㉢
④ ㉡㉢

20 다음 표에서 A와 D의 합으로 옳은 것은?

계급	도수	상대도수
10~20	20	0.10
20~30	A	B
30~40	C	0.30
40~50	D	0.35
전체	E	1.00

① 120
② 130
③ 140
④ 150

Part. II

정답 및 해설

제1회 정답 및 해설
제2회 정답 및 해설
제3회 정답 및 해설

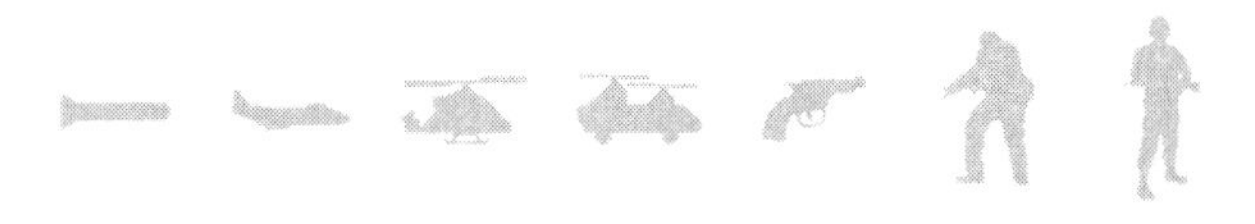

제1회 정답 및 해설

ANSWER

01. 공간능력

1	2	3	4	5	6	7	8	9	10	11	12	13	14	15	16	17	18
③	②	③	④	③	②	③	①	④	③	②	④	②	③	①	②	②	③

1

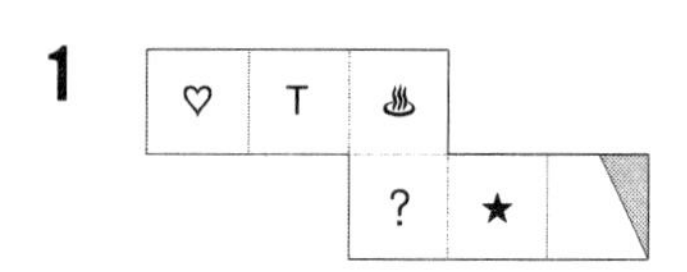

2

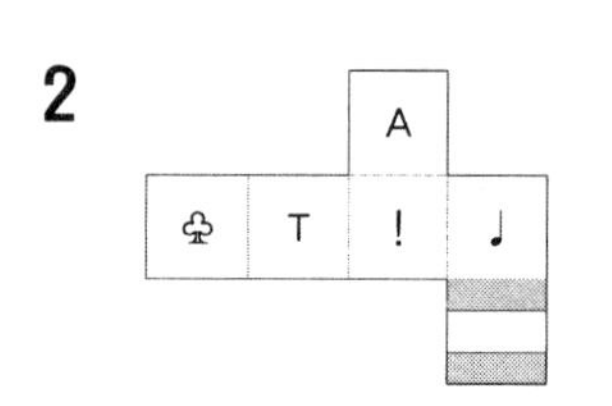

3

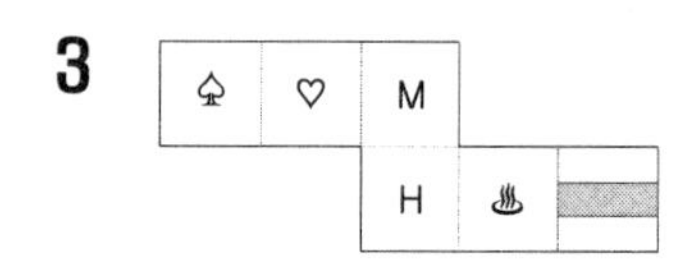

4

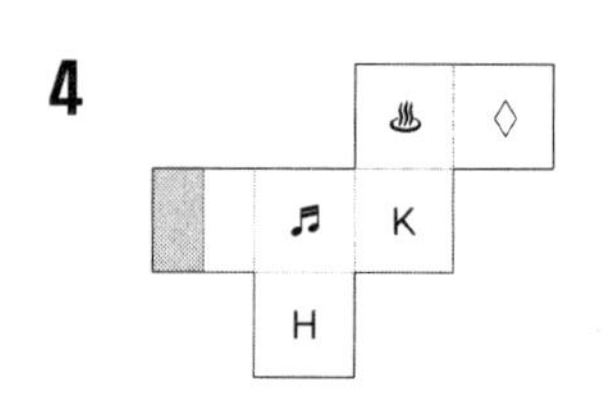

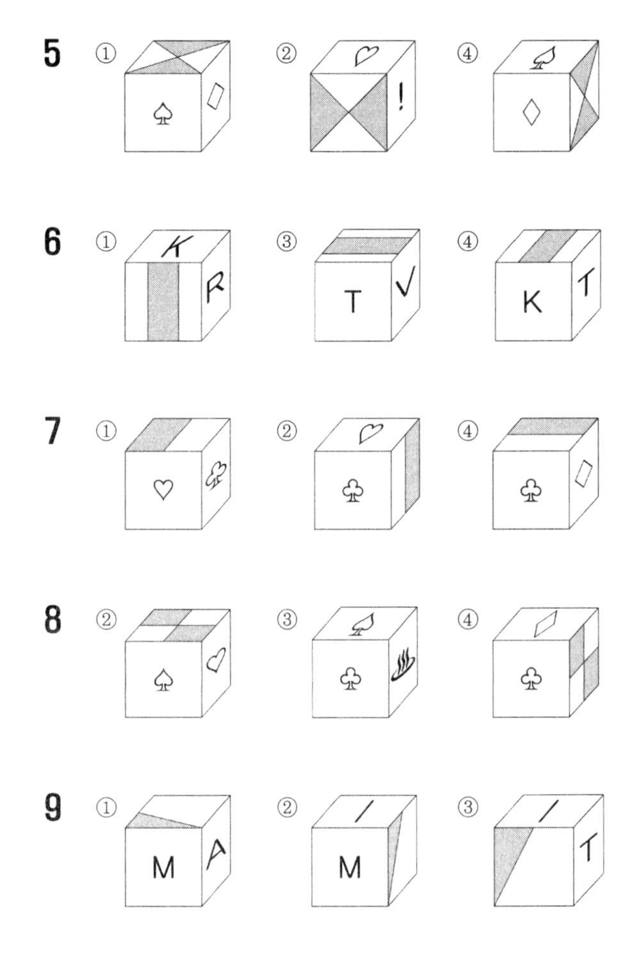

10 1단 : 8개, 2단 : 6개, 3단 : 2개, 4단 : 1개
총 17개

11 1단 : 10개, 2단 : 6개, 3단 : 3개, 4단 : 1개
총 20개

12 1단 : 12개, 2단 : 7개, 3단 : 3개, 4단 : 1개, 5단 : 1개
총 24개

13 1단 : 10개, 2단 : 5개, 3단 : 3개, 4단 : 2개, 5단 : 1개
총 21개

14 1단 : 13개, 2단 : 8개, 3단 : 5개, 4단 : 2개, 5단 : 1개, 6단 :1개
총 30개

15

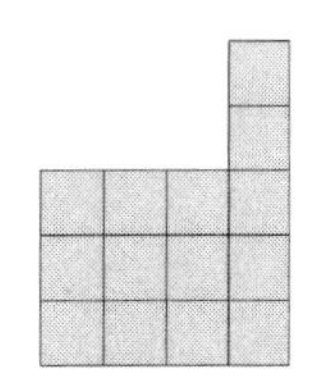

뒤쪽에서 본 모습

5	3	3	3
2	2	3	1
1	1	2	
	1		2
	1		

정면 위에서 본 모습

16

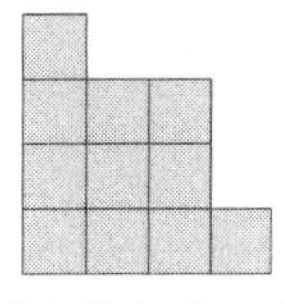

왼쪽에서 본 모습

4	3	2	3
3	2	1	
2	3		
1			

정면 위에서 본 모습

17

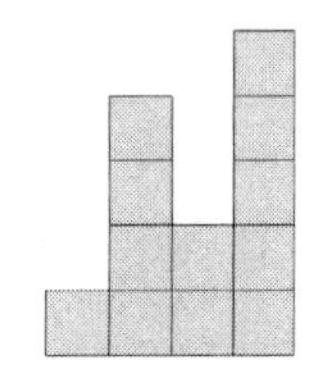

오른쪽에서 본 모습

5	1	1	3
2	2		1
4			
1			

정면 위에서 본 모습

18

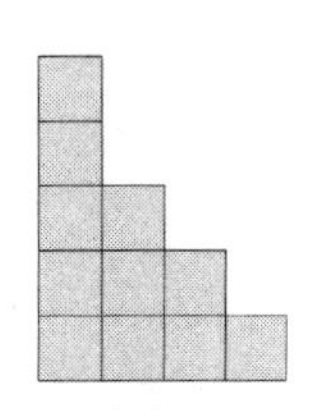

왼쪽에서 본 모습

5	4	3	3
3	3	2	
2	1		
1			

정면 위에서 본 모습

ANSWER

1	2	3	4	5	6	7	8	9	10	11	12	13	14	15	16	17	18	19	20
①	②	②	①	②	③	①	②	②	①	①	①	②	②	①	①	②	②	①	②
21	22	23	24	25	26	27	28	29	30										
②	①	①	②	①	④	②	②	③	③										

1 나 = c, 마 = k, 우 = m, 대 = g, 국 = o → 맞음

2 리 = a, 붉 = i, 민 = e, **국 = o**, 대 = g → 틀림

3 마 = k, 민 = e, 대 = g, **나 = c**, 우 = m → 틀림

4 붉 = i, 민 = e, 국 = o, 리 = a, 마 = k → 맞음

5 민 = e, 대 = g, **마 = k**, 리 = a, 나 = c → 틀림

6 1**5**678468**15**46987211**5**7**5**1430

7 **고구**려 신라 **백**제의 옛 영토를 찾아서

8 Thank you for the **i**nv**i**tat**i**on

9 丙申**甲**子壬癸申己乙未**甲**午戊亥申

10 § ★☆◎₵¥**※**≥≪△∈×∀**※**∨

11 B = 9, R = 16, O = 6, A = 0, D = 7 → 맞음

12 P = 18, O = 6, I = 19, N = 3, T = 4 → 맞음

13 T = 4, E = 2, A = 0, C = 8, **H = 17**, E = 2, R = 16→틀림

14 A = 0, D = 7, M = 1, I = 19, R = 16, **E = 2**, R = 16→틀림

15 L = 5, O = 6, O = 6, K = 11, I = 19, N = 3, G = 15→맞음

16 ㄱ = 5, ㅏ = 4, ㅈ = 15, ㅗ = 19, ㄱ = 5→맞음

17 ㅅ = 2, ㅣ = 11, ㄴ = 7, ㅂ = 1, **ㅏ = 4**, ㄹ = 9→틀림

18 ㅇ = 10, ㅏ = 4, ㅍ = 20, ㅡ = 3, ㄹ = 9, **ㅣ = 11**, ㅋ = 14, ㅏ = 4→틀림

19 ㅎ = 12, ㅗ = 19, ㄹ = 9, ㅜ = 16, ㄹ = 9, ㅏ = 4, ㄱ = 5, ㅣ = 11→맞음

20 ㄱ = 5, ㅣ = 11, **ㅊ = 8**, ㅏ = 4, ㅇ = 10, ㅏ = 4, ㄴ = 7→틀림

21 ㅊ = ◆, ㄱ = ★, ㅇ = ☆, **ㅅ = ▲**, ㅁ = ■→틀림

22 ㄴ = ○, ㅅ = ▲, ㅂ = △, ㅈ = ◎, ㄹ = § →맞음

23 ㅅ = ▲, ㄹ = §, ㄷ = ◇, ㅁ = ■, ㅈ = ◎, ㄱ = ★→맞음

24 ㄴ = ○, ㄱ = ★, ㅇ = ☆, **ㅅ = ▲**, ㅈ = ◎, ㄱ = ★→틀림

25 ㅇ = ☆, ㄹ = §, ㄱ = ★, ㅊ = ◆, ㅈ = ◎, ㄷ = ◇, ㄴ = ○→맞음

26 하와이 호**놀룰루** 대한민국총영사관

27 5791**3**5491**3**5421954**3**54841576**3**554

28 H**e** wants to join th**e** polic**e** forc**e**

29 ITS **R**ESTAU**R**ANT IS **R**UN BY A TOP CHEF

30 (파)(하)**(나)**(라)(파)(하)(차)(사)**(나)**(가)(타)(파)(사)(바)(차)(자)(바)(라)**(나)**(마)

ANSWER

1	2	3	4	5	6	7	8	9	10	11	12	13	14	15	16	17	18	19	20
④	①	④	③	⑤	②	①	③	①	⑤	④	④	②	④	①	②	②	①	③	①
21	22	23	24	25															
④	②	①	④	⑤															

1 ㉠ 수효를 세는 맨 처음 수
① 뜻, 마음, 생각 따위가 한결같거나 일치한 상태
② 여러 가지로 구분한 것들 가운데 어떤 것을 가리키는 말
③ 오직 그것뿐
⑤ 전혀, 조금도

2 ㉠ 어떤 경우, 사실이나 기준 따위에 의거하다.
② 다른 사람이나 동물의 뒤에서 그가 가는 대로 같이 가다.
③ 앞선 것을 좇아 같은 수준에 이르다.
④ 남이 하는 대로 같이 하다.
⑤ 어떤 일이 다른 일과 더불어 일어나다.

3 ㉠ 드러나지 않거나 알려지지 않은 사실, 내용, 생각 따위가 드러나 알려지다.
①② 빛을 내는 물건이 환하게 되다.
③⑤ 진리, 가치, 옳고 그름 따위가 판단되어 드러나 알려지다.

4 ㉠ 시, 소설, 편지, 노래 가사 따위와 같은 글을 쓰다.
① 재료를 들어 밥, 옷, 집 따위를 만들다.
② 여러 가지 재료를 섞어 약을 만들다.
④ 어떤 표정이나 태도 따위를 얼굴이나 몸에 나타내다.
⑤ 관계를 맺거나 짝을 이루다.

5 ㉠ 자기 것으로 만들어 가지다.
① 어떤 일에 대한 방책으로 어떤 행동을 하거나 일정한 태도를 가지다.
②③ 어떤 특정한 자세를 하다.
④ 남에게서 돈이나 물품 따위를 꾸거나 빌리다.

6 ① '유추의 유형'을 설명하고 있지 않으므로 옳지 않다.
③ 지문에 전혀 언급된 내용이 아니므로 적절하지 않다.

④⑤ '유추의 문제점 지적', '유추의 본질' 등에 관한 언급은 있으나, '새로운 사고 방법의 필요성'이나 '유추와 여타 사고 방법들과의 차이점'은 지문과는 관련이 없다.

7 ①의 내용을 연상하려면 떡볶이를 만들면서 인터넷에 나와 있는 조리법이나 요리 전문가의 도움을 받는다는 내용이 필요하다.

8 위 글의 대화에서 사용된 어휘는 사회 방언으로, 의사들끼리 전문 분야의 일을 효과적으로 수행하기 위해 사용하는 전문어이다.

9 ② '나무 개구리'는 천적의 위협을 받고 있지 않으므로 적절하지 않다.
④ '나무 개구리'는 사막이라는 주어진 환경에 적응하여 생존하는 것이지 환경을 변화시킨 것은 아니므로 적절하지 않은 반응이다.
⑤ '나무 개구리'가 삶의 과정에서 다른 생명체와 경쟁하는 내용은 방송에 언급되어 있지 않으므로 적절하지 않은 내용이다.

10 ① '하늘에'는 '하늘'과 '에'가 결합된 것이므로 자립 형태소 하나와 의존 형태소 하나로 분석된다.
② '이'는 의존 형태소이다.
③ '많다'는 '많-'과 '-다'라는 의존 형태소 두 개로 구성되어 있다.
④ '에'와 '이'는 모두 의존 형태소이다.

11 셋째 단락에 '시장은 소득 분배의 형평을 보장하지 못할 뿐만 아니라, 자원의 효율적 배분에도 실패했다.'는 내용이 있으므로 '시장이 완벽한 자원 분배 체계로 자리 잡았다.'라고 한 것은 지문의 내용과 일치하지 않는다.

12 오늘날 분배 체계의 핵심이 되는 시장의 한계를 말하면서, 호혜가 이를 보완할 수 있는 분배 체계임을 설명하고 있다. 나아가 호혜가 행복한 사회를 만들기 위해 필요한 것임을 강조하면서 그 가치를 설명하고 있다.

13 '육식의 윤리적 문제점은 크게 ~ 있다.', '결국 ~ 요구하고 있다'의 부분을 통해 육식의 윤리적 문제점이 중심 문장임을 알 수 있다.

14 육식의 윤리적 문제점은 크게 개체론적 관점과 생태론적 관점으로 나누어 접근함으로써 주장의 타당성을 높이고 있다.

15 마지막 단락에서 동양은 근대 과학 기술 문명 도입과 소화로 물질적 발전을 이루었으나 불편과 갈등을 내포하고 있다고 하였다. 그러므로 서양화는 성공하지 못한 것이다.

16 먼저 용어의 개념을 밝혀 논점을 드러내고, 문제점을 지적한 후 그에 대한 견해를 제시하였다.

17 본문은 비행기의 날개를 베르누이의 원리를 바탕으로 설계하여 양력을 증가시키는, 비행의 기본 원리를 설명하고 있는 글이다.

18 ① 받음각이 최곳값이 되면 양력이 그 뒤로 급속히 떨어진다고 나와 있다. 따라서 속도는 감소하게 된다.

19 방언의 언어학적 가치는 언급하고 있지 않다.

20 다음에서 설명하고 있는 것은 사회 언어학은 전통적인 방언학이 시골을 주된 연구의 대상으로 삼았다는 점을 비판하면서 대두되었다고 말하고 있다. 방언의 발생 요인은 지역 차이만 있는 것이 아니라, 성별, 계층, 세대·연령 등 다양하다. 그러나 전통 방언학에서는 이러한 다양한 방언 분화 원인을 고찰하지 못하고 있다.

21 ㉣에는 '저 책'이 생략되었다. '저 책'은 이전 대화에서 '저건', '내가 읽고 싶었던 책'으로 언급되었기 때문에 생략해도 된다.

22 ㉠ '물고기'는 '물(어근)+고기(어근)'로 구성된 합성어
㉣ '책가방'은 '책(어근)+가방(어근)'으로 구성된 합성어
㉡ '지우개'는 '지우(어근 +개(접사)'로 구성된 파생어
㉢ '심술쟁이'는 '심술(어근)+쟁이(접사)'로 구성된 파생어

23 주어진 글에서 ㉠ 대장균은 ㉡ 질병을 막아주는 역할을 한다고 하였으므로 이와 유사한 관계로 이루어진 것은 '① 댐 : 홍수'이다.
댐은 홍수를 막아주는 역할을 한다.

24 주어진 글에서 ㉡ 점술이 ㉠ 과학의 도움을 받아 서로 공존을 이루어낸다고 하였으므로 이와 유사한 관계로 이루어진 것은 '④ 꽃 : 나비'이다.
나비는 꽃으로부터 양분을 얻으며, 꽃은 나비를 통해 생식의 도움을 받는 방식으로 공생한다.

25 주어진 글에서 ㉠ 노비는 ㉡ 농노를 포함하는 의미이므로 이와 유사한 관계로 이루어진 것은 '⑤ 남자 : 총각'이다.

ANSWER

1	2	3	4	5	6	7	8	9	10	11	12	13	14	15	16	17	18	19	20
④	④	④	④	③	③	③	③	②	③	②	①	②	②	①	②	④	③	④	④

1 ㉢ 2019년 여성 평균 임금이 남성 평균 임금의 60%이므로 남성 평균 임금은 여성 평균 임금의 2배가 되지 않는다.

㉣ 고졸 평균 임금 대비 중졸 평균 임금의 값과 고졸 평균 임금 대비 대졸 평균 임금의 값 간의 차이는 2017년과 2019년에 0.42로 같다. 하지만 비교의 기준인 고졸 평균 임금이 상승하였으므로 중졸과 대졸 간 평균 임금의 차이는 2017년보다 2019년이 크다.

2 ㉡ 이자율이 8%인 경우, 10년 후 원리금은 4억 3,178만 원으로 원금의 2배보다 많다.

㉣ 이자 소득은 펀드 구입에 따른 기회비용에 해당하므로 이자율이 낮을수록 펀드 구입의 기회비용은 작아진다.

㉠ 이자율이 7% 이하일 때 펀드를 구입하는 것이 합리적이다.

3 1인당 토지소유 면적인 1인당 가액을 면적당 가액으로 나누어 계산한다.

20세 미만$=\frac{51}{19.3}\fallingdotseq 2.64$, 20대$=\frac{46}{27.4}\fallingdotseq 1.68$, 30대$=\frac{57}{39.8}\fallingdotseq 1.43$, 40대$=\frac{85}{32.6}\fallingdotseq 2.61$

50대$=\frac{121}{27.4}\fallingdotseq 4.42$, 60대$=\frac{130}{23.0}\fallingdotseq 5.65$, 70대$=\frac{106}{17.9}\fallingdotseq 5.92$, 80대 이상$=\frac{63}{11.8}\fallingdotseq 5.34$

4 ① 2019년 배추 생산량은 2018년에 비해 약 3% 상승했다.

② 배추의 재배면적은 2018년에 비해 2019년에는 약 7% 감소, 무의 재배면적은 4% 감소했으므로 배추가 더 감소했다.

③ 2019년 단위면적당 배추 생산량은 변함이 없다.

5 ① $120,391 \div 19,332 = 6.25$

② $30.5 - 17.0 = 13.5(\%)$

③ 65~79세 노인의료비 증가율은 500.31%, 80세 이상 노인의료비 증가율은 697.61%이므로 65~79세 노인이 80세 이상 노인보다 더 낮다.

④ 표를 통해 알 수 있다.

6 ㉠ 두 점수를 합한 값이 150점 미만인 인원 : 10명(85 + 55) + 4명(75 + 55) + 4명(65 + 65) + 14명(75 + 65) = 32명

㉡ 두 점수를 합한 값이 150점 초과인 인원 : 2명(95 + 65) + 4명(95 + 75) + 20명(85 + 75) + 6명(85 + 85) = 32명

㉢ 두 점수를 합한 값이 150점인 인원 : 24명(65 + 85) + 12명(75 + 75) = 36명

7 $\frac{\text{고졸}+\text{대졸}}{\text{남성수}} = \frac{35+30}{110} = 35.2727 \fallingdotseq 35$

8 ① 석유를 많이 사용 할 것이라는 사람보다 적게 사용 할 것이라는 사람의 수가 더 많다.

② 석탄을 많이 사용 할 것이라는 사람보다 적게 사용 할 것이라는 사람의 수가 더 많다.

④ 원자력을 많이 사용 할 것이라는 사람이 많고 석유, 석탄은 적게 사용 할 것이라는 사람이 많다.

9 ② 2017년 5명에서 2019년 2.4명으로 해마다 점차적으로 평균 가구원 수는 감소하고 있음을 알 수 있다.

10 야간만 사용할 경우이므로 동일한 가격에 월 기본료가 저렴한 L사가 적당하다.

11 ㉠ S사 : 기본료 12,000원, 8,000원으로 약 133분 통화가 가능하다.

㉡ K사 : 기본료 11,000원, 9,000원으로 약 225분 통화가 가능하다.

㉢ L사 : 기본료 10,000원, 10,000원으로 약 200분 통화가 가능하다.

12 ① 항상 칠레와의 교역은 수출보다 수입의 비중이 더 크므로 무역적자에서 흑자로 바뀐 적이 없다.

② 약 칠레 6배, 이라크 150배, 이란 6배 증가하였으므로 최근 10년간 이라크의 수출액 증가율이 가장 높았다.

③ 이라크와의 교역액은 2009년에 크게 감소하였다.

④ 이란과의 무역적자는 50억 정도로 가장 심각하다.

13 최고속력을 $2x$ km/시 라 하면 역 C 를 만들어 5 분간 정차할 때 추가되는 시간은

$\frac{20}{x} - \frac{20}{2x} + \frac{5}{60} = \frac{11}{60}$, $\frac{10}{x} = \frac{6}{60}$

$\therefore\ x = 100$

따라서 최고속력은 $2x = 200$ (km/시)

14 ① 1인 가구인 경우 852,000원, 2인 가구인 경우 662,000원, 3인 가구인 경우 520,000원으로 영 · 유아 수가 많을수록 1인당 양육비가 감소하고 있다.
② 1인당 양육비는 영 · 유아가 1인 가구인 경우에 852,000원으로 가장 많다.
③ 소비 지출액 대비 총양육비 비율은 1인 가구인 경우 39.8%로 가장 낮다.
④ 영 · 유아 3인 가구의 총양육비의 절반은 793,500원이므로 1인 가구의 총양육비는 3인 가구의 총양육비의 절반을 넘는다.

15 ① 2017년에 프랑스가 45.3%로 한국의 42.1%를 앞질렀다.

16 ① 소득이 가장 낮은 수준의 노인이 3개 이상의 만성 질병을 앓고 있는 비율이 33%로 가장 높다.
② 소득이 150~199만 원일 때와 200~299만 원일 때는 만성 질병의 수가 3개 이상일 때가 각각 20.4%와 19.5%로 소득 수준의 4분의 1인 25%에 미치지 못한다.
③ 소득 수준이 높을수록 '없다'의 확률이 더욱 높아지고 있다.
④ 월 소득이 50만 원 미만인 노인이 만성 질병이 없을 확률은 3.7%로 5%에도 미치지 못한다.

17 ① 0~9세 인구수는 큰 변화가 없다가 감소하고 있으므로 전체 인구수 증가의 원인으로 보기 어렵다.
② 25세 이상 인구수는 2009년 26,150,337명, 2014년 28,806,763명, 2019년 31,292,660명으로, 0~24세 인구수보다 많다.
③ 전체 인구는 증가하는 반면 10~24세 인구수는 줄어들고 있으므로, 전체 인구 중 10~24세 사이의 인구가 차지하는 비율은 감소하고 있다.

18 전체 200명 중 남자의 비율이 70%이므로 140명이 되고 이중 커피 선호자의 비율이 60%이므로 선호자 수는 84명이 된다.

선호 / 성별	선호자 수	비선호자 수	전체
남자	84명	56명	140명
여자	40명	20명	60명
전체	124명	76명	200명

① $\frac{84}{56}=\frac{3}{2}=1.5$
② 남자 커피 선호자(84)는 여자 커피 선호자(40)보다 2배 많다.
④ $\frac{84}{140}\times 100=60<\frac{40}{60}\times 100=66.66\cdots$이므로 남자의 커피 선호율이 여자의 커피 선호율보다 낮다.

19 양수기가 고장 나기 전 시간당 퍼내는 물의 양을 x 톤이라고 하면

고장 나기 전까지 걸린 시간은 $\frac{30}{x}$시간, 고장 난 후에 걸린 시간은 $\frac{50}{x-20}$시간,

고장이 나지 않았을 때 걸리는 시간 $\frac{80}{x}$이다.

$\therefore\ \frac{30}{x}+\frac{50}{x-20}=\frac{80}{x}+\frac{25}{60}$

이 분수방정식을 풀면 $x^2-20x-2,400=0$, $(x-60)(x+40)=0$

$\therefore\ x=60$

20 ㉠ 직원의 월급은 생산에 기여한 노동에 대한 대가이고 대출 이자는 생산에 기여한 자본에 대한 대가이므로 생산 과정에서 창출된 가치를 포함한다. 창출된 가치는 500만원이 된다.

㉡ 생산재는 생산을 위해 사용되는 재화를 말하며 200만 원이다.

㉢ 서비스 제공으로 인해 발생한 매출액은 700만 원보다 적다. 왜냐하면 600만 원이 모두 서비스 제공으로 인한 매출액이 아니기 때문이다.

㉣ 판매 활동은 가치를 증대시키는 생산 활동에 해당하므로 판매를 담당한 직원에게 지급되는 월급은 직원이 생산 활동에 제공한 노동에 대한 대가로 지급된 금액이다.

제2회 정답 및 해설

ANSWER

01. 공간능력

1	2	3	4	5	6	7	8	9	10	11	12	13	14	15	16	17	18
②	③	①	②	③	③	②	①	③	③	②	②	④	④	①	③	②	③

1

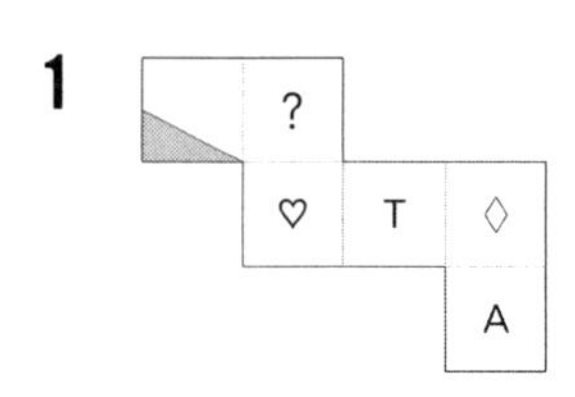

2

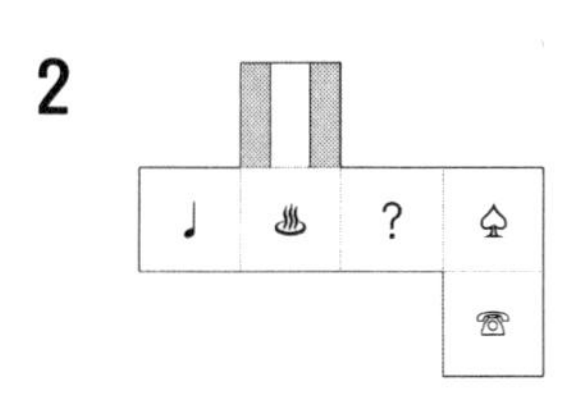

3

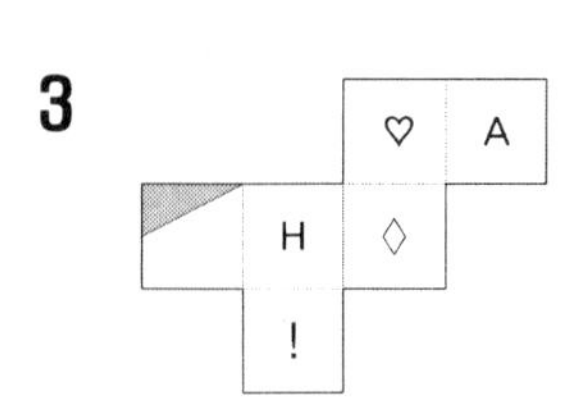

4

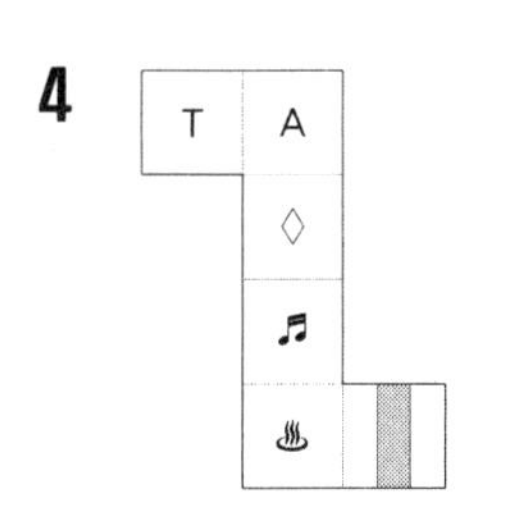

5

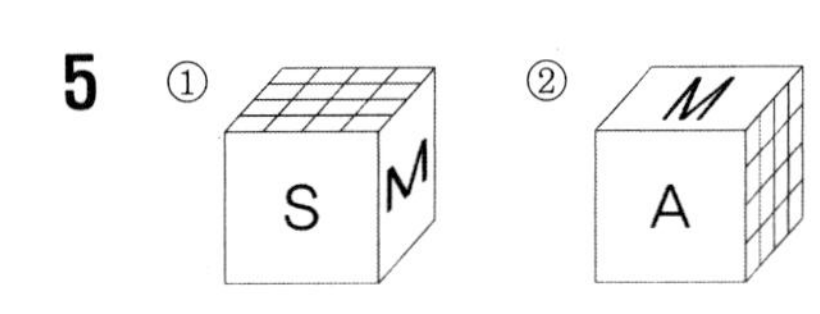

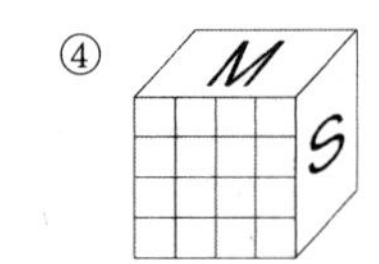

6

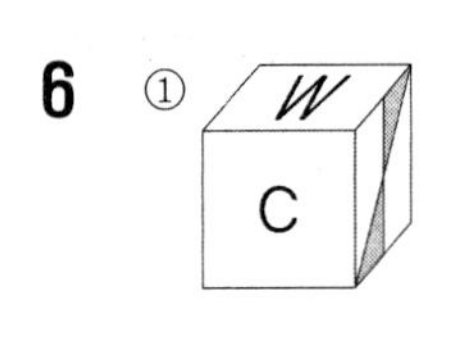

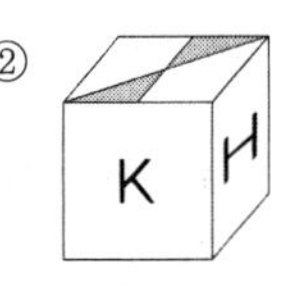

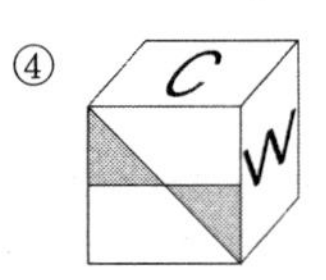

7

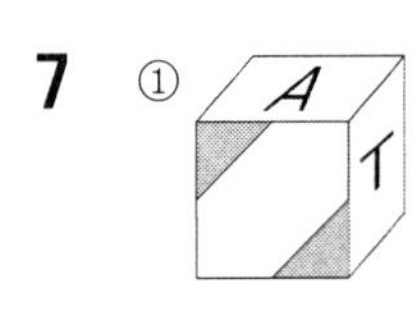

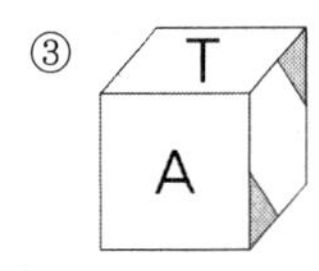

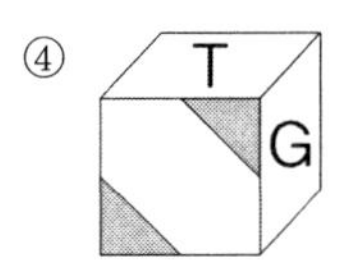

8

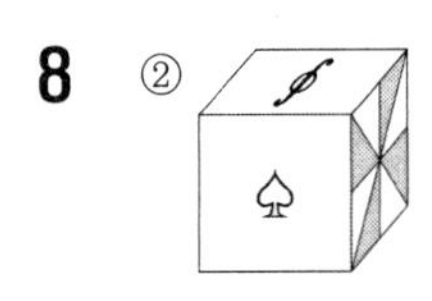

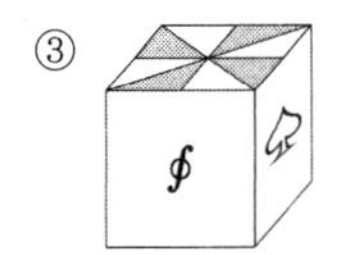

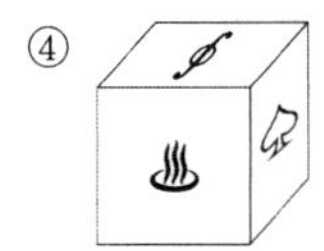

9

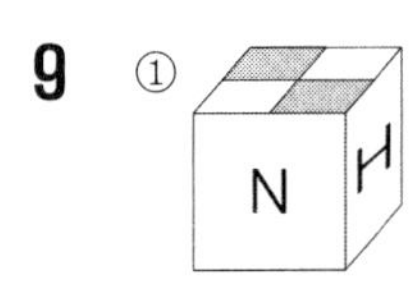

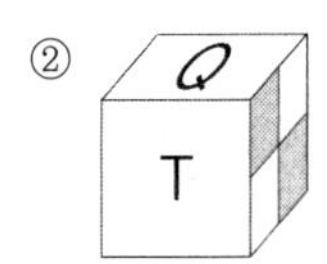

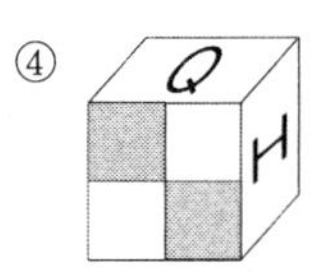

10 1단 : 11개, 2단 : 7개, 3단 : 4개, 4단 : 1개, 5단 : 1개, 6단 : 1개
총 25개

11 1단 : 12개, 2단 : 5개, 3단 : 1개, 4단 : 1개
총 19개

12 1단 : 12개, 2단 : 6개, 3단 : 3개, 4단 : 1개, 5단 : 1개
총 23개

13 1단 : 20개, 2단 : 11개, 3단 : 5개, 4단 : 2개, 5단 : 1개, 6단 : 1개
총 40개

14 1단 : 14개, 2단 : 8개, 3단 : 5개, 4단 : 3개, 5단 : 2개, 6단 : 1개
총 33개

15

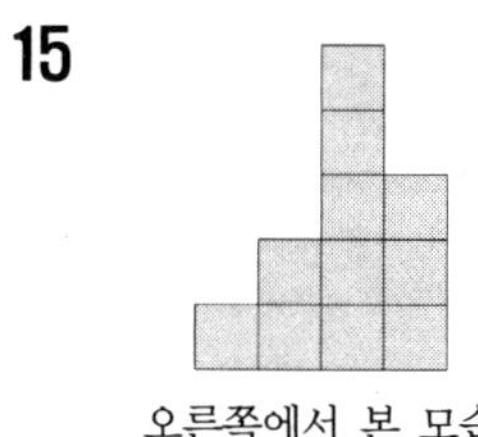

오른쪽에서 본 모습

3	3	2	2	3
5	1	1		1
1	2			
1				

정면 위에서 본 모습

오른쪽 위쪽

16

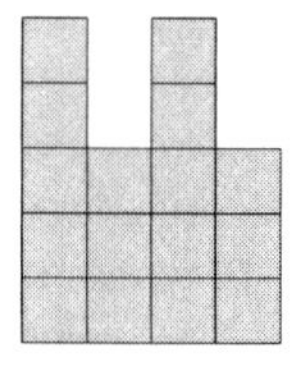

왼쪽에서 본 모습

4	3	2	1	5
3	3	2		
5	2	1		
2	3			

정면 위에서 본 모습

17

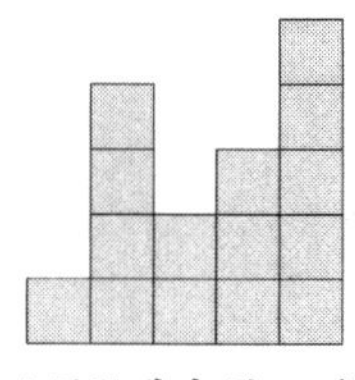

오른쪽에서 본 모습

4	5	4	3
3	3	2	1
2	1	1	1
4	1	1	
	1		

정면 위에서 본 모습

18

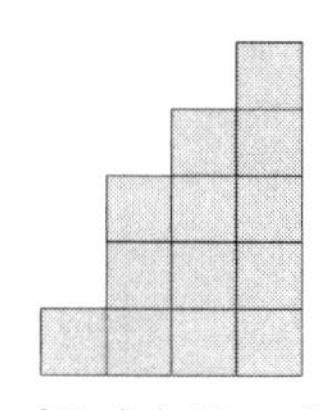

뒤쪽에서 본 모습

1	4	1	1
1	1	3	1
5	1	1	
		2	

정면 위에서 본 모습

ANSWER **02. 지각속도**

1	2	3	4	5	6	7	8	9	10	11	12	13	14	15	16	17	18	19	20
①	②	②	①	②	③	②	②	②	③	①	①	②	②	①	②	②	①	①	①
21	22	23	24	25	26	27	28	29	30										
②	②	②	②	①	④	①	①	④	④										

1 가 = rk, 머 = aj, 어 = dj, 라 = fk, 바 = qk → 맞음

2 다 = ek, 바 = qk, **너 = sj**, 서 = tj, 가 = rk → 틀림

3 머 = aj, 너 = sj, 어 = dj, **바 = qk**, 서 = tj → 틀림

4 바 = qk, 다 = ek, 너 = sj, 라 = fk, 가 = rk → 맞음

5 서 = tj, 가 = rk, 머 = aj, **어 = dj**, 바 = qk → 틀림

6 15**9**670468**9**546**9**8723157**9**143

7 복숭**아**꽃 **살**구꽃 **아**기 진**달**래

8 Oil an**d** water **d**o not blen**d**

9 詐社事思査史**四**士死詞巳**四**捨伺乍

10 ◒◕◔**◓**◔◒◕●**◓**◔**◓**◕◔**◓**●

11 火 = (6), 子 = (9), 犬 = (11), 木 = (14), 全 = (17) → 맞음

12 大 = (13), 土 = (20), 口 = (7), 夫 = (16), 目 = (2) → 맞음

13 太 = (11), 金 = (18), 百 = (4), 月 = (5), 犬 = (11), **母 = (8)**→틀림

14 木 = (14), 水 = (10), 日 = (1), 夫 = (16), **自 = (3)**, 玉 = (19)→틀림

15 父 = (12), 母 = (8), 子 = (9), 金 = (18), 百 = (4), 土 = (20), 口 = (7)→맞음

16 ㅗ = 3, ㅒ = 4, ㅠ = 10, **ㅓ = 16**, ㅢ = 8→틀림

17 ㅑ = 20, ㅘ =18 , ㅣ = 15, **ㅖ = 17**, ㅝ = 7→틀림

18 ㅓ = 16, ㅡ = 19, ㅒ = 9, ㅟ = 12, ㅕ = 14, ㅜ = 2→맞음

19 ㅘ = 18, ㅕ = 14, ㅙ = 11, ㅝ = 7, ㅛ = 13, ㅏ = 1 →맞음

20 ㅠ = 10, ㅡ = 19, ㅗ = 3, ㅑ = 20, ㅟ = 12, ㅢ = 8, ㅓ = 16, ㅖ = 17→맞음

21 ∴ = a, ∹ = e, ∷ = d, ∻ = i, **≒ = g**→틀림

22 ∶ = c, ∴ = a, ≒ = g, ÷ = h, **∺ = j**→틀림

23 ÷ = h, ∷ = d, **∹ = e**, ≓ = f, ∵ = b→틀림

24 ∻ = i, ≓ = f, ∺ = j, ≒ = g, **∴ = a**, ∶ = c→틀림

25 ∵ = b, ∷ = d, ∺ = j, ∹ = e, ÷ = h, ∶ = c, ≓ = f→맞음

26 549751**0**454**0**84**0**489751**0**64**0**5481**0**6

27 최선을 다하려는 사**람**이라**면** 좋겠어

28 Dinosaurs beca**m**e extinct a long ti**m**e ago

29 子**丑**寅卯酉子**丑**酉辰蛇午子未**丑**申酉戌**丑**亥子

30 ↱↳↲↦↳**↰**↺↶↴↲**↰**↖⇅↳**↰**↗→↑↔**↰**

ANSWER

1	2	3	4	5	6	7	8	9	10	11	12	13	14	15	16	17	18	19	20
②	②	⑤	③	④	①	⑤	②	①	②	①	②	③	③	④	④	③	②	⑤	③
21	22	23	24	25															
③	⑤	④	④	②															

1 ㉠ 남의 도움을 받거나 사람이나 물건 따위를 믿고 기대다.
①⑤ 남의 물건이나 돈 따위를 나중에 도로 돌려주거나 대가를 갚기로 하고 얼마 동안 쓰다.
③ 일정한 형식이나 이론 또는 남의 말이나 글 따위를 취하여 따르다.
④ 어떤 일을 하기 위해 기회를 이용하다.

2 ㉠ 사리에 맞고 바르다.
①③ 격식에 맞아 탓하거나 흠잡을 데가 없다.
④⑤ 차라리 더 낫다.

3 ㉠ 어떤 물건이나 사람이 좋게 받아들여지다.
① 어떤 일에 돈, 시간, 노력, 물자 따위가 쓰이다.
② 물감, 색깔, 물기, 소금기가 스미거나 베다.
③ 어떤 방위나 기준, 또는 일정한 기간 안에 속하거나 포함되다.
④ 안에 담기거나 그 일부를 이루다.

4 ㉠ 어떤 결과나 상태를 생기게 하다.
①②④⑤ 무엇을 한 지점에서 다른 지점으로 옮겨 오다.

5 ㉠ 생리적인 요구에 따라 눈이 감기면서 한동안 의식 활동이 쉬는 상태가 되다.
① 바람이나 물결 따위가 잠잠해지다.
② 기계가 작동하지 아니하다.
③ 소란하게 설레던 분위기가 가라앉아 조용해지다.
⑤ 물건이 용도대로 쓰이지 못하고 묻혀 있다.

6 ② ㉡은 다의어로 인한 중의적 표현이 아니므로 적절하지 않다.
③ ㉢은 '함께'라는 새로운 부사어를 첨가하여 뜻을 명확하게 하고 있다.
④ ㉣은 어순을 변경하여 뜻을 명확하게 한 사례이다.
⑤ ㉤은 조사를 첨가하여 뜻을 분명하게 한 사례이다.

7 ①④ '당기다'와 '놀리다'는 능동 표현
②③ '감기다'와 '먹이다'는 사동 표현

8 ①③④⑤는 위 내용들을 비판하는 근거가 되지만, ②는 위 글의 주장과는 연관성이 거의 없다.

9 ② '만약'은 가정의 의미를 갖는 부사어이기 때문에 '~않았다면'과 호응을 이룬다.
③ '바뀌게' 하려는 대상이 무엇인지를 밝히지 않아 어법에 맞지 않는다.
④ '풍년 농사를 위하여 만들었던 저수지에 대한 무관심으로 관리를 소홀히 하여 올 농사를 망쳐 버렸습니다.'가 어법에 맞는 문장이다.
⑤ '내가 말하고 싶은 것은 ~ 올릴 수 있다는 것이다'가 되어야 한다.

10 '각별하다'는 '어떤 일에 대한 마음가짐이나 자세 따위가 유달리 특별하다.'의 의미이며, '재주'가 남들보다 뛰어나다는 의미로는 '특출하다'와 '탁월하다'가 적절하다.

11 이 글에서 주로 언급되는 것은 '언어', '사고'이다. 그러므로 이 글은 언어와 사고의 관계가 어떠하다는 것을 밝혀주는 글이다.

12 글의 앞부분에서는 언어가 없으면 세계에 대한 인식도 불가능하고 사고도 불가능하다는 언어의 상대성 이론과 그 예를 설명하고 있다. 그러나 뒷부분에서는 언어의 상대성 이론을 어느 정도는 인정하지만 몇 가지 예를 들면서 언어가 철저하게 인간의 인식과 사고를 지배한다는 생각이 옳지 않을 수 있음을 밝히고 있다. 즉, '언어의 상대성 이론'의 한계를 지적하고 있는 것이다.

13 주시경 선생이 우리말과 글을 가꾸기 위한 구체적인 방법을 제시했다는 것을 추리할 수 있는 말은 위 글에서 찾을 수 없다.

14 이 글은 구체적인 사례를 들어가면서, 우리말을 풍부하게 가꾸는 방법으로, 언중의 호응을 받을 수 있는 고유어를 대중의 기호에 맞게 살려 쓰는 방안을 제안하고 있다.

15 이 글에서는 방언 속에 옛말이 남아 있어서 국어의 역사를 연구하는 데 도움을 줄 수 있다고는 하였으나, 방언 연구 방법에 대한 설명은 없다.

16 ④ 이 글에서는 언어의 기호성과 관련된 내용은 찾아볼 수 없다.

17 종교에 인간의 신념 체계가 어떻게 구현되는지를 묻고 있으므로 ③번이 정답이다.

18 윤리적, 도덕적 덕성의 함양은 구도형 신념 체계이므로 정답은 ②번이다.

19 첫 번째 단락에서 초기의 과학자들은 인간 DNA보다 1,600배나 작은 DNA를 가진 미생물이 1,700개의 유전자를 가지고 있어서 인간처럼 고등 생물은 유전자가 적어도 10만 개는 되어야 한다.

20 인간의 유전자가 슈퍼 유전자로 다른 생물보다 더 많은 단백질을 만들며, 이러한 단백질이 많은 기능을 한다.

21 보기에 있는 속담들은 사소한 문제를 해결하려고 지나친 방법을 사용하는 것은 오히려 더 큰 문제를 일으킨다는 뜻으로 쓰인다. 이것과 관련되는 고사성어가 '교왕과직(矯枉過直)'이다. 이것은 '잘못을 바로 잡으려다 지나쳐 오히려 나쁘게 하다.'의 뜻이다.

① **설상가상(雪上加霜)** : 눈 위에 또 서리가 덮인 격이라는 뜻으로, '어려운 일이 연거푸 일어남'을 비유하여 이르는 말이다.
② **견마지로(犬馬之勞)** : 개나 말 정도의 하찮은 힘이란 뜻으로, '윗사람(임금 또는 나라)을 위하여 바치는 자기의 노력'을 겸손하게 이르는 말이다.
④ **도로무익(徒勞無益)** : 헛되이 수고만 하고 보람이 없다는 뜻이다.
⑤ **침소봉대(針小棒大)** : 작은 일을 크게 떠벌리거나 과장하는 것을 말한다.

22 Ⅰ그룹은 개인의 이익을 위해 하는 직업이고, Ⅱ그룹은 국민 다수의 공익을 위해 하는 직업이다. 이들은 국가나 지방 자치 단체가 그 신분을 보장하게 된다. 사립학교 교사의 경우도 공무원에 준하는 대우를 받게 되는 것은 교육 행위의 공공적 성격 때문이다.

23 ② 비유의 방법을 쓰지 않았다.
③⑤ 대조의 방법을 쓰지 않았고, 양면적 속성을 드러내지 못했다.

24 ㉡은 사실로서 논리적 판단이 아니며, ㉠은 ㉡의 현상이 일어나게 된 원인에 해당한다. ㉢은 ㉡에 대한 반론이며, ㉢과 ㉣은 ㉤에 대한 전제이고, ㉤은 글 전체의 결론이다.

25 ㉤이 이 문단의 첫 문장이 되어야 한다. 그렇다면 이 문단은 결국 ㉤-㉣-㉢-㉠-㉡의 순서로 문장이 전개되고 있음을 알 수 있다. 그런데 ㉤-㉠-㉡-㉢-㉣로 생각해 볼 수도 있지만 글 마지막 부분은 가장 포괄적이고도 필자의 생각을 단적으로 드러내주는 문장이어야 한다. 따라서 ㉣보다 ㉡이 끝으로 오는 것이 적절하다.

ANSWER

1	2	3	4	5	6	7	8	9	10	11	12	13	14	15	16	17	18	19	20
④	④	①	④	④	①	④	④	④	③	②	②	②	①	②	③	②	③	③	②

1 표에서는 비중만 제시되어 있으므로 ①의 출생아 수와 ③의 여성의 수는 파악할 수 없다.

② 5명 이상을 출산한 여성은 37.4%에 불과하다.

④ 3명 이상 출산 여성은 전체의 34.2%로 22%의 1명 이하 출산 여성보다 많다.

2 ㉠ 40대와 50대의 전체 응답자수를 알 수 없기에 신문을 선택한 비율이 같다고 응답자의 수가 같다고 볼 수는 없다.

㉡ 30대 이하의 경우 신문을 선택한 비율이 가장 낮지만, 40대 이상의 경우에는 그렇지 않다.

3 ① 동부의 인구 구성비 증가폭이 줄어드는 것으로 보아 도시화율의 증가폭은 작아졌다.

4 ① 주어진 표만으로는 알 수 없다.

② 합계 출산율이 지속적으로 낮아지고 있는 것으로 보아 출산 장려 정책이 효과가 있다고 단정할 수 없다.

③ 합계 출산율의 감소로 인하여 전체 인구에서 노인 인구가 차지하는 비율이 높음을 알 수 있다.

5 ㉠ 여학생과 남학생의 각 인원수를 알 수 없기 때문에 비율만으로 SNS 계정을 소유한 남녀 학생 수를 비교할 수 없다.

㉡ SNS 계정을 소유한 비율은 초등학생 44.3%, 중학생 64.9%, 고등학생 70.7%이므로 상급 학교 학생일수록 높다.

㉢ 성별과 학교급은 각 항목을 구분하는 서로 다른 기준이기 때문에 고등학교 여학생의 SNS 계정 소유 비율이 가장 크다고 볼 수 없다.

㉣ 초등학생은 SNS 계정을 소유하지 않은 학생이 55.7%이고, 중·고등학생은 각각 64.9%, 70.7%가 SNS 계정을 소유하고 있다.

6 도시의 주택 보급률이 전국의 주택 보급률 96.2%보다 낮은 87.8%라는 사실로 볼 때 농어촌의 주택 보급률이 도시의 주택 보급률보다 높다고 할 수 있다. 따라서 도시 주택의 가격이 농어촌 주택의 가격보다 상승 가능성이 더 높다고 할 수 있다.

7 ① 혼인을 해야 한다는 응답자 중 남자가 과반수이다.

② 성별과 연령별을 종합하여 표를 분석할 수 없다.

③ 연령대가 낮을수록 혼인을 선택으로 보는 사람의 비율이 낮다.

8 ④ 50대 이상에서 직장 복지를 가장 심각한 분야로 인식하는 사람의 비율은 1%이고 연봉은 2.2%이다.

9 표에서 필수적 생활비는 음식료비와 주거 관련 비를 말한다.
소득이 감소할 때 소비 지출을 줄이겠다고 응답한 사람은 농촌보다 도시에서, 학력이 높을수록 높게 나타난다. 지출을 줄이겠다고 응답한 사람들의 항목별 비율에서는 외식비, 주거 관련 비를 줄이겠다고 응답한 사람들의 비율이 높은 반면, 사교육비 지출을 줄이겠다는 사람들은 학력에 관계없이 가장 적게 나타나고 있다.

10

고등학교	국문학과	경제학과	법학과	기타	진학 희망자수
A	(420명) 84명	(70명) 7명	(140명) 42명	(70명) 7명	700명
B	(250명) 25명	(100명) 30명	(200명) 60명	(100명) 30명	500명
C	(60명) 21명	(150명) 60명	(120명) 18명	(180명) 18명	300명
D	(20명) 6명	(100명) 25명	(320명) 64명	(120명) 24명	400명

11 ① 연도별 자동차 수 $= \dfrac{\text{사망자 수}}{\text{차 1만대당 사망자 수}} \times 10{,}000$

② 운전자 수가 제시되어 있지 않아서 운전자 1만명당 사고 발생 건수는 알 수 없다.

③ 자동차 1만대당 사고율 $= \dfrac{\text{발생건수}}{\text{자동차 수}} \times 10{,}000$

④ 자동차 1만대당 부상자 수 $= \dfrac{\text{부상자 수}}{\text{자동차 수}} \times 10{,}000$

12 조건 ㈎에서 R석의 티켓의 수를 a, S석의 티켓의 수를 b, A석의 티켓의 수를 c라 놓으면
$a+b+c=1{,}500$ …… ㉠
조건 ㈏에서 R석, S석, A석 티켓의 가격은 각각 10만 원, 5만 원, 2만 원이므로
$10a+5b+2c=6{,}000$ …… ㉡
A석의 티켓의 수는 R석과 S석 티켓의 수의 합과 같으므로
$a+b=c$ …… ㉢
세 방정식 ㉠, ㉡, ㉢을 연립하여 풀면
㉠, ㉢에서 $2c=1{,}500$ 이므로 $c=750$
㉠, ㉡에서 연립방정식
$$\begin{cases} a+b=750 \\ 2a+b=900 \end{cases}$$
을 풀면 $a=150$, $b=600$ 이다.
따라서 구하는 S석의 티켓의 수는 600장이다.

13 ㉠ $240-168=72$명

㉡ $100-70=30\%$

㉢ $\frac{168}{240}\times 100=70\%$

㉣ $200\times 0.36=72$명

㉤ $200-72=128$명

14 A : $(40,000+10,000)\times 12=600,000+2,800,000=3,400,000$

B : $(40,000+20,000)\times 12=720,000+2,600,000=3,320,000$

C : $(30,000+20,000)\times 12=600,000+2,400,000=3,000,000$

15 A : $(40,000+10,000)\times 36=1,800,000$

B : $(40,000+20,000)\times 36=2,160,000$

C : $(30,000+20,000)\times 36=1,800,000$

16 $300\div 55 = 5.45 \fallingdotseq 5.5$(억 원)이고 3km이므로 $5.5\times 3 =$ 약 16.5(억 원)

17 B버스의 속력을 v라면, A버스의 속력은 $v-10$이므로

$\frac{100}{v-10}=\frac{100}{v}+\frac{1}{3}$에서

$v^2-10v-3,000=0$, $(v-60)(v+50)=0$

$\therefore\ v=60$

18 피자 8 조각을 굽는데 걸리는 시간이 2 조각을 굽는데 걸리는 시간의 a 배라 하면

$1.2\times 8^{\frac{1}{2}}=a\times 1.2\times 2^{\frac{1}{2}}$

$a\times 2^{\frac{1}{2}}=8^{\frac{1}{2}}=2^{\frac{3}{2}}$

$\therefore\ a=2$

19 A팀 : 3경기에서 6점을 받았으므로 경기 전적은 2승 1패 이다.

B팀 : 3경기에서 4점을 받았으므로 경기 전적은 1승 1무 1패이다.

C팀 : 3경기에서 3점을 받았으므로 경기 전적은 1승 2패 또는 3무이다. 이 때, 3무이면 A팀에게도 1무가 있어야 하므로 모순 이다. 따라서, C팀의 전적은 1승 2패이다.

4팀의 경기 전적에서 승리한 경기수와 패한 경기수의 합이 서로 같아야 하며, 비긴 경기수의 합은 짝수가 되어야 한다.

D팀의 상대팀은 A, B, C팀이며 세 팀의 전적이 위와 같으므로 D팀의 3경기 전적은 1승 1무 1패이다.

따라서, D팀이 받은 점수는 4점이다.

	승리한 경기수	무승부인 경기수	패배한 경기수
A	2		1
B	1	1	1
C	1		2
D	1	1	1
합계	5	2	5

20 A항구와 B항구를 왕복하는 여객선이 정상적으로 운행할 때의 속력은 a(km/시)이므로 10시에 A항구를 출발한 여객선이 기관 이상이 생기기 전까지 운행한 시간은 $\frac{40}{a}$(시간), 기관 고장 후 운행한 시간은 $\frac{20}{a-10}$(시간), 11 시에 A항구를 출발한 여객선이 B항구에 도착할 때까지 걸린 시간은 $\frac{60}{a}$(시간)이다.

두 여객선이 동시에 B항구에 도착하였으므로

$\frac{40}{a}+\frac{20}{a-10}=\frac{60}{a}+1$, $\frac{20}{a-10}-\frac{20}{a}=1$

위의 식의 양변에 $a(a-10)$을 곱하여 정리하면

$20a-20(a-10)=a(a-10)$

$a^2-10a-200=0$, $(a+10)(a-20)=0$

$\therefore a=20$ ($\because a>0$)

제3회 정답 및 해설

01. 공간능력

ANSWER

1	2	3	4	5	6	7	8	9	10	11	12	13	14	15	16	17	18
①	④	③	②	③	④	①	②	①	④	④	③	③	④	①	②	③	②

1

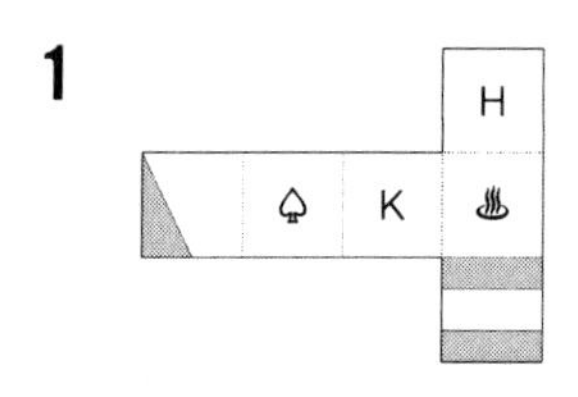

2

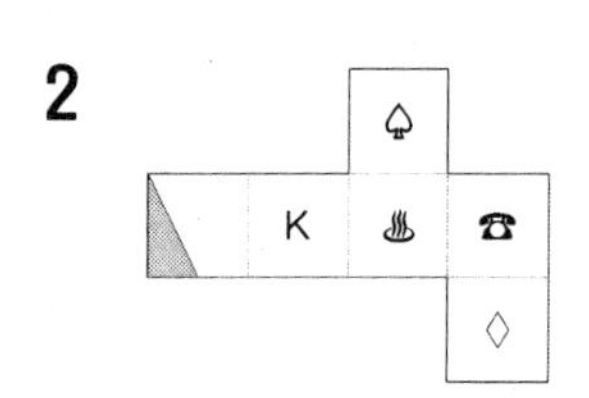

3

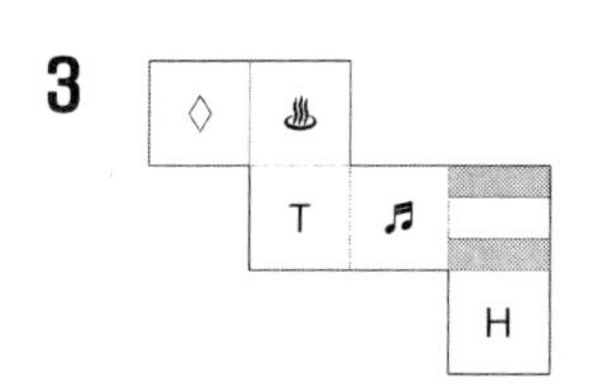

4

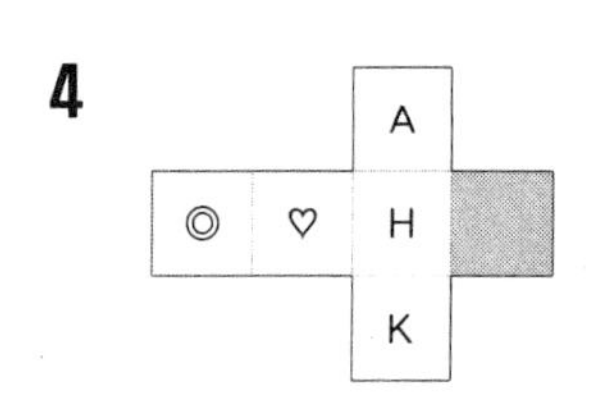

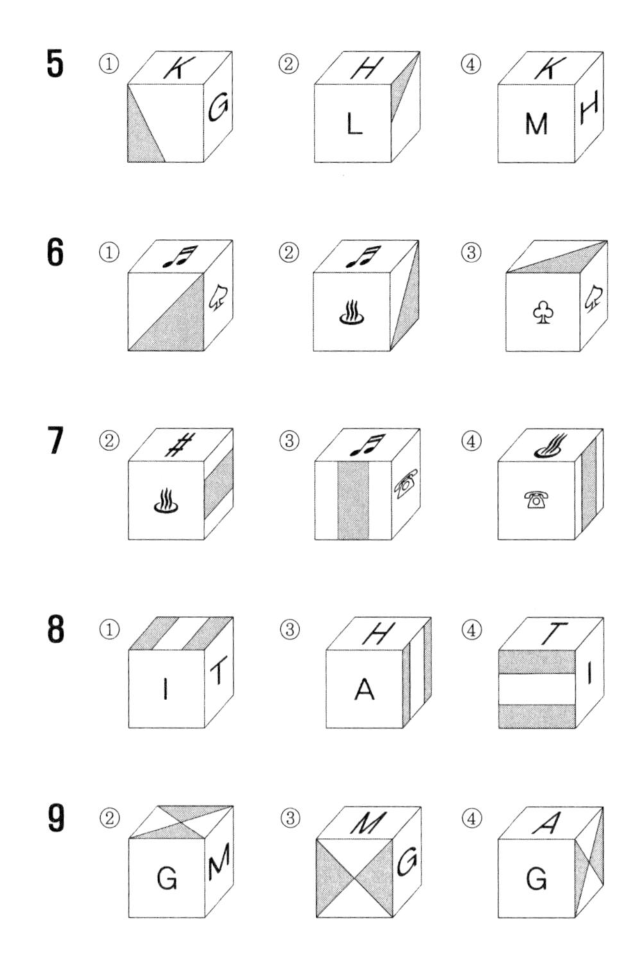

10 1단 : 15개, 2단 : 6개, 3단 : 3개
총 24개

11 1단 : 10개, 2단 : 6개, 3단 : 3개, 4단 : 2개, 5단 : 1개
총 22개

12 1단 : 13개, 2단 : 8개, 3단 : 4개. 4단 : 1개
총 26개

13 1단 : 13개, 2단 : 7개, 3단 : 5개, 4단 : 2개, 5단 : 1개
총 28개

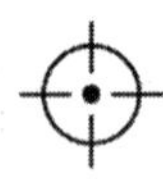

14 1단 : 14개, 2단 : 7개, 3단 : 4개, 4단 : 2개
총 27개

15

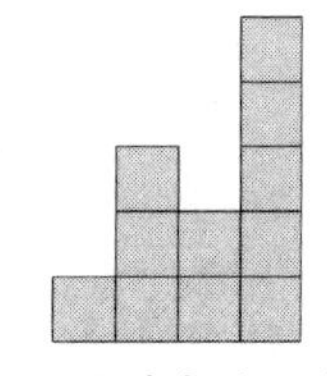

오른쪽에서 본 모습

1	1	4	5
2		1	1
		3	
			1

정면 위에서 본 모습

16

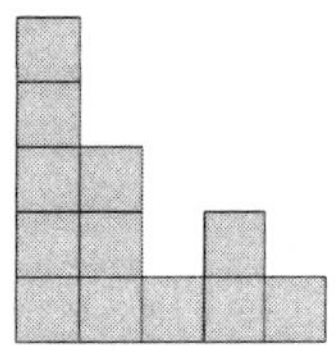

왼쪽에서 본 모습

5	2	4	1
3	1	2	1
1			
	1		2
	1		

정면 위에서 본 모습

17

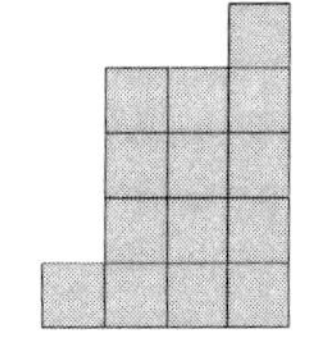

오른쪽에서 본 모습

2	5	2	2
2	2	1	4
4	1		
1			

정면 위에서 본 모습

18

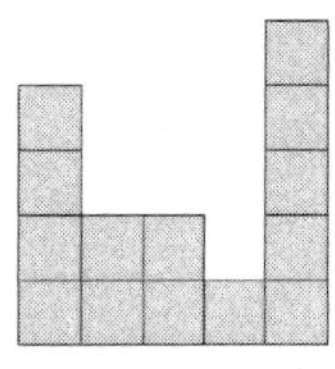

왼쪽에서 본 모습

1	1	4	3
2	1	1	
1	1	2	
1			
5			

정면 위에서 본 모습

ANSWER

1	2	3	4	5	6	7	8	9	10	11	12	13	14	15	16	17	18	19	20
②	②	①	①	②	④	①	③	①	②	①	①	①	②	②	①	②	②	①	①
21	22	23	24	25	26	27	28	29	30										
①	①	①	②	②	③	③	③	③	③										

1 ㄱ = Z, ㅍ = U, ㅌ = Y, ㅋ = W, **ㄹ = D**→틀림

2 ㄴ = G, ㄷ = O, ㅌ = Y, **ㅎ = R**, ㅋ = W→틀림

3 ㄹ = D, ㄴ = G, ㅍ = U, ㅋ = W, ㄱ = Z→맞음

4 ㅍ = U, ㅌ = Y, ㄴ = G, ㄹ = D, ㅎ = R, ㄷ = O→맞음

5 ㅌ = Y, ㄴ = G, ㄱ = Z, ㄹ = D, ㅎ = R, **ㅋ =W** →틀림

6 Two **s**tudent**s** in my Engli**s**h cla**ss** fell in love

7 그는 다만 하나의 몸**짓**에 **지**나지 않았다

8 57328**4**27814**4**67214**4**9724**4**6985266975

9 WE PRIZE LI**B**ERTY MORE THAN LIFE

10 i Ⅱ vi Ⅶ ix **xii** Ⅺ vi Ⅴ Ⅻ **xii** Ⅴ viii Ⅲ iii Ⅵ **xii** iv iii Ⅱ

11 ℃ = 15, ▽ = 6, ◈ = 13, ♧ = 7, ◆ = 17→맞음

12 £ = 9, ♥ = 4, ⇕ = 2, Å = 3, ₩ = 19→맞음

13 ▼ = 5, ■ = 12, ☆ = 1, ¥ = 10, ♨ = 14→맞음

14 □ = 20, ◈ = 13, ♤ = 8, **♀ = 11**, ℃ = 15, ▽ = 6→틀림

15 ◈ = 13, ♧ = 7, ★ = 18, **£ = 9**, ₩ = 19, ◇ = 16→틀림

16 ♭ = ㅈ, ♖ = ㅡ, ♜ = ㅅ, ☃ = ㅋ, ♯ = ㄷ→맞음

17 ♛ = ㅁ, ☁ = ㅏ, ♬ = ㅊ, **✌ = ㄴ**, ♭ = ㅈ→틀림

18 ♬ = ㅊ, ♟ = ㅜ, ☃ = ㅋ, ♪ = ㅗ, **♩ = ㅎ**, ♫ = ㅍ→틀림

19 ♮ = ㄱ, ♩ = ㅎ, ☀ = ㅂ, ♖ = ㅡ, ☂ = ㅓ, ♞ = ㅇ→맞음

20 ♗ = ㅌ, ♞ = ㅣ, ♬ = ㅊ, ☂ = ㅓ, ♭ = ㅈ, ♖ = ㄹ, ✌ = ㄴ→맞음

21 k = 의, n = 다, s = 연, j = 라, i = 고→맞음

22 q = 전, o = 설, m = 컵, j = 라, r = 착→맞음

23 j = 라, p = 숙, s = 연, n = 다, q = 전→맞음

24 r = 착, o = 설, k = 의, s = 연, n = 다, **j = 라**→틀림

25 s = 연, k = 의, i = 고, n = 다, **q = 전**, m = 컵→틀림

26 519**7**2**7**3484387516817254917597**19**

27 **이 광야에**서 목 놓**아** 부르게 하리라

28 이 마**을** 전**설**이 주저**리**주저**리** **열리**고

29 ∨∃∈⊆⊃**∧**∩∬∨**∧**⊂∬∪∀∃⊆⊇Σ**∧**∃

30 I **m**ust finish it by to**m**orrow no **m**atter what

ANSWER

03. 언어논리

1	2	3	4	5	6	7	8	9	10	11	12	13	14	15	16	17	18	19	20
①	②	⑤	④	②	⑤	⑤	②	①	①	④	①	③	①	④	③	②	⑤	③	①
21	22	23	24	25															
③	④	⑤	③	④															

1 ㉠ 물이나 휴지 따위로 때나 더러운 것을 없게 하다.
② 누명, 오해, 죄과 따위에서 벗어나 다른 사람 앞에서 떳떳한 상태가 되다.
③ 원한 따위를 품어서 마음속에 응어리가 된 것을 없애다.
④ 관계 따위를 끊다.
⑤ 현재의 좋지 않은 상태에서 벗어나다.

2 ㉠ 본디의 것을 손질하여 다른 것이 되게 하다.
① 고장이 나거나 못 쓰게 된 물건을 손질하여 제대로 되게 하다.
③ 병 따위를 낫게 하다.
④ 모양이나 내용 따위를 바꾸다.
⑤ 처지를 바꾸다.

3 ㉠ 어떤 사실이나 말을 꼭 그렇게 될 것이라고 생각하거나 그렇다고 여기다.
①④ 어떤 사람이나 대상에 의지하며 그것이 기대를 져버리지 않을 것이라고 여기다.
② 절대자나 종교적 이념 따위를 받들고 따르다.
③ 어떤 사람이나 대상을 아무 의심 없이 다른 무엇이라고 여기다.

4 ㉠ 누군가 가거나 와서 둘이 서로 마주 보다.
① 산이나 길, 강 따위가 서로 마주 닿다.
② 어떤 사실이나 사물을 눈앞에 대하다.
③ 어떤 일을 당하다.
⑤ 어디를 가는 도중에 비, 눈, 바람 따위를 맞다.

5 ㉠ 모임이나 회의 따위를 시작하다.
① 닫히거나 잠긴 것을 트거나 벗기다.
③ 사업이나 경영 따위의 운영을 시작하다.
④ 새로운 기틀을 마련하다.
⑤ 자기의 마음을 다른 사람에게 터놓거나 다른 사람의 마음을 받아들이다.

6 ㉠ '둘 이상의 사물이나 사람이 서로 관계를 맺어 하나가 됨'의 의미로 쓰이는 '결합(結合)'
㉡ '둘 이상의 조직이나 기구 따위를 하나로 합침'의 뜻인 '통합(統合)'
㉢ '두 가지 이상의 사물이 서로 합동하여 하나의 조직체를 만듦. 또는 그렇게 만든 조직체'의 의미로 쓰이는 '연합(聯合)'

7 문제에서 '결코'는 '~하지 않는다.'처럼 부정의 서술어와 호응을 해야 하기 때문에 '내가 그를 만난 것은 결코 우연한 일이 아니었다.'로 고쳐야 한다.
⑤ 부사어 '별로'는 부정의 서술어와 호응해야 하므로 '그 사람은 외모는 몰라도 성격은 별로 변한 것 같지 않다.'로 해야 맞다.

8 김장을 하는 과정이나 그 결과에 대해 메모하여 정리하는 것이 좋다는 설명이 제시되어 있지 않으므로, 독서한 결과를 정리해 두는 습관을 기른다는 내용은 추론할 수 없다.

9 어려운 환경에서도 열심히 노력하면 좋은 결과를 이끌어낼 수 있다는 주제를 담은 이야기이므로, '협력을 통해 공동의 목표를 성취하도록 한다.'는 내용은 나올 수 없다.

10 물레를 이용하여 도자기를 빚을 때, 정신을 집중해야 한다는 내용은 ②, 도자기를 급히 말리면 갈라지므로 천천히 건조시켜야 한다는 내용은 ③, 도자기 모양을 빚는 것이 어렵더라도 꾸준히 계속해야 한다는 내용은 ④, 도자기 제작 전에 자신이 만들 도자기의 모양과 제작 과정을 먼저 구상해야 한다는 내용은 ⑤이다.

11 이 글에서 '팝아트'의 대표적 인물은 소개되고 있으나 '옵아트'의 대표적 인물에 대한 언급은 없다.

12 팝아트와 옵아트의 등장 배경에 대한 언급은 부분적으로 있으나 미래의 발전 방향에 대한 전망은 없으며, 또 전문가들의 연구 결과에 대한 내용은 없다.

13 이 글은 콘텐츠뿐만 아니라 미디어도 중요하다고 밝히면서, 미디어가 없으면 콘텐츠는 문화 예술적으로 완성되기 어렵다는 논점을 펼치고 있다.

14 미디어라는 형식의 중요함을 주장하기 위해 구체적인 예를 들고 있다.

15 이 글은 미래에 소비될 에너지양에 대해서는 언급하고 있지 않다.

16 이 글은 화석 연료 사용의 문제점을 지적하고 재생 가능 에너지를 통해 인류의 에너지 문제를 해결해야 한다고 말하고 있다. 그러므로 이 글이 에너지 문제를 우리나라만의 문제로 제한했다고 이해하는 것은 적절하지 못하다.

17 인터넷 뉴스를 유료화하면 인터넷 뉴스를 보는 사람의 수는 줄어들 것이다.

18 뉴스의 질이 떨어지는 원인이 근본적으로 독자에게 있다거나, 그 해결 방안이 종이 신문 구독이라는 반응은 글의 내용을 올바로 이해한 반응이라고 보기 어렵다.

19 ③ 가난한 국가의 국민일수록 행복감이 높다는 것은 이스털린의 국가별 비교 조사 결과와 어긋나는 정보이다.

20 ① 행복은 어느 정도의 소득이 필요한 것이기는 하지만 반드시 소득과 정비례의 관계에 있지 않음을 알 수 있다.

21 ㉠~㉣은 법률, 도덕, 관습을 준수하는 행위로, 모두 인간의 행위가 사회적 규약의 제약을 받는다는 것을 서술하기 위한 내용에 해당된다.

22 주어진 속담은 어떠한 일에 착수하거나 그것을 시행 또는 실천하여 노력함으로써 결실을 얻을 수 있음을 의미한다.

23 담그다…'액체 속에 넣다.' 혹은 '김치 · 술 · 장 · 젓갈 따위를 만드는 재료를 버무리거나 물을 부어서, 익거나 삭도록 그릇에 넣어 두다.'의 의미가 있다.

24 ① 액체 따위를 끓여서 진하게 만들다, 약제 등에 물을 부어 우러나도록 끓인다는 뜻이며 간장을 달이다, 보약을 달이다 등에 사용된다.
② '줄다'의 사동사로 힘, 길이, 수량, 비용 등을 적어지게 한다는 의미이다.
④ 어떤 사건에 휩쓸려 들어가다, 다른 사람이 하고자 하는 어떤 행동을 못하게 방해한다는 의미의 동사 또는 물기가 다 날아가서 없어진다는 의미인 마르다의 사동사이다.
⑤ '졸다'의 사동사 또는 속을 태우다시피 초조해하다의 의미를 갖는다.

25 ① 허위적허위적 → 허우적허우적
② 괴퍅하다 → 괴팍하다
③ 미류나무 → 미루나무
⑤ 닐리리 → 닐리리

ANSWER

1	2	3	4	5	6	7	8	9	10	11	12	13	14	15	16	17	18	19	20
②	③	④	③	③	①	②	③	④	①	②	④	③	④	④	③	①	③	②	①

1 운전한 거리에 대한 자동차의 평균 속력을 x라 하면

$x=\dfrac{100\times3+60\times2+30\times1}{3+2+1}=75$km/시

2 A의 가격이 100만 원 이상이고 만 원 인상될 때마다 판매량이 20대씩 줄어든다. 따라서 인상되는 가격을 x(만 원), 전체 판매 금액을 y(만 원)이라 하면

$y=(100+x)(2,400-20x)$

$=-20(x-10)^2+242,000$

따라서 가격을 10만 원 올렸을 때 전체 판매 금액이 최대이므로 A의 가격은 110만 원이다.

$\therefore\ a=110$

3 가격이 500원인 음료수의 개수를 x, 700원인 음료수의 개수를 y, 900원인 음료수의 개수를 z라고 하면

$x+y+z=40$

$500x+700y+900z=28,000$

$(x\geq2,\ y\geq2,\ z\geq2)$

연립방정식을 계산하면 $y+2x=40$, $x=z$이므로

x의 최댓값은 19

4 빈 창고 A에 상자가 가득 채워지는데 필요한 일의 양을 1이라 하고, 갑이 시간당 한 일의 양을 a, 을이 시간당 한 일의 양을 b, 병이 시간당 한 일의 양을 c라고 하면

$6a+6b=1$ 즉, $a+b=\dfrac{1}{6}$ …㉠

$15a+5b-10c=1$ 즉, $3a+b-2c=\dfrac{1}{5}$ …㉡

$12a+12b-12c=1$ 즉, $a+b-c=\dfrac{1}{12}$ …㉢

㉠, ㉡, ㉢에 의하여

$a=\dfrac{1}{10}$, $b=\dfrac{1}{15}$, $c=\dfrac{1}{12}$

∴ 갑이 혼자 빈 창고 A를 채우는데 걸리는 시간은 10시간이다.

5 ③ 사립고등학교와 국공립고등학교의 특수학급 설치율은 50%p 이상 차이난다.

사립고등학교의 특수학급 설치율 = (56 / 494) × 100 = 11.34%

국공립고등학교의 특수학급 설치율 = (691 / 1,013) × 100 = 68.21%

6

$$\text{경제성장률} = \frac{\text{금년도 실질 GDP} - \text{전년도 실질 GDP}}{\text{전년도 실질 GDP}} \times 100$$

$$= \frac{1{,}010 - 1000}{1{,}000} \times 100 = 1(\%)$$

7 ㉠ 외국인 900명, 한국인 1,100명으로 한국인이 더 많다.

㉡ 미국인 직원 총 500명, 미국인 남성은 200명이다.

㉢ 일본인 직원 중 여성은 300명, 남성은 100명이다.

㉣ 미국인 남성 직원은 200명, 일본인 여성 직원은 300명이다.

우선 국적별 직원수를 구하면

일본인 $= 0.2 \times 2{,}000 = 400$명

미국인 $= 0.25 \times 2{,}000 = 500$명

한국인 $= 1{,}100$명

㉠ 미국인 남성은 전체 남성 직원수의 25%, 미국인 여성은 전체 여성 직원수의 25%이므로

전체 남성 직원수를 M, 여성 직원수를 F, 미국인 남성 직원수는 x, 미국인 여성 직원수를 y라 놓으면

$M = 4x$, $F = 4y$

$x + y = 500$명, $M + F = 2{,}000$명

㉡ 일본인 남성은 전체 남성 직원수의 12.5%, 일본인 여성은 전체 여성 직원수의 25%이므로

전체 남성 직원수를 M, 여성 직원수를 F, 일본인 남성 직원수는 X, 일본인 여성 직원수를 Y라 놓으면

$M = 8X$, $F = 4Y$

$X + Y = 400$명, $\frac{M}{8} + \frac{F}{4} = 400$명

㉠과 ㉡의 식을 통해

$M + F = 2{,}000$, $M + 2F = 3{,}200$

$M = 800$명, $F = 1{,}200$명

8 제품 케이스의 경우 2kg 이하이므로 서울은 4,000원, 지방은 5,000원

서울만 12곳이라고 하면 48,000원이므로 성립 안 된다.

총 비용이 46,000원 들었으므로 서울만 본다면 최대 11곳인 44,000원이 성립되나 2,000원이 부족하게 되므로 서울 9곳, 지방 2곳으로 하면 36,000원, 10,000원이 되면 46,000원이 성립된다.

그러나 서울에 5개 보내는 비용과 지방에 4개 보내는 비용이 동일하므로 서울 4곳(16,000원), 지방 6곳(30,000원)이라는 경우도 성립한다.

전자 제품의 경우를 위의 두 경우에 대입하면

서울 4곳(20,000원), 지방 6곳(36,000원)으로 총 56,000원이 성립된다.

서울 9곳(45,000원), 지방 2곳(12,000원)으로 총 57,000원으로 성립되지 않는다.

그러므로 총 10곳이 된다.

9 승차권의 특별 할인 이전의 가격을 x, 예매한 승차권의 가격을 X, 출발 당일 시각 전 취소 수수료는 30%이므로

$X=0.6x$

환불받은 금액$=0.6x\times0.7=0.42x=14,700$원

$x=\dfrac{14,700}{0.42}=35,000$원

10 회사택시 사고율 : $\dfrac{80}{1,000}\times100=8(\%)$

지입택시 사고율 : $\dfrac{30}{500}\times100=6(\%)$

개인택시 사고율 : $\dfrac{10}{300}\times100=3.3(\%)$

따라서 가장 사고율이 높은 것은 회사택시이고, 낮은 것은 개인택시이다.

11 총 사고율 : $\dfrac{120}{1,800}\times100=6.6(\%)$

회사택시 사고부담률 : $\dfrac{8}{6.6}\times100=121.2(\%)$

개인택시 사고부담률 : $\dfrac{3.3}{6.6}\times100=50(\%)$

회사택시의 사고부담률은 개인택시의 사고부담률의 2.424배이다. 따라서 정답은 ②이다.

12 총 사고율 : $\dfrac{120}{1,800}\times100=6.6(\%)$

지입택시 사고부담률 : $\dfrac{6}{6.6}\times100=90.9(\%)$

13 제동거리 : 36m

공주거리 : $72\times1,000\times\dfrac{1}{3,600}=20(\text{m})$

$\therefore 36+20=56(\text{m})$

14 D반의 평균을 x라 하고 전체 평균을 구하면

$$\frac{\text{전체평균}}{\text{전체 학생수}}=\frac{(5\times30)+(7\times20)+(6\times30)+(x\times20)}{30+20+30+20}$$

$$=\frac{150+140+180+20x}{100}=6$$

$\therefore\ x=6.5$

15 **여사건의 확률** : 사건 A가 일어날 확률=1−사건 A가 일어나지 않을 확률

따라서 전체 1에서 1시간 이상, 지하철일 확률 $\frac{64}{312}$를 빼면 $\frac{248}{312}$이 된다.

16 기준 타수가 36개이므로

갑은 기준 타수보다 2개 적으므로

$34-36=-2$ x가 두 개 있으므로

$x=-1$

병은 타수 합계가 36이고 x가 1개, y도 1개 있으므로

$x=-1$이므로 $y=1$이 되어 기준 타수=개인 타수

을은 x가 1개, y가 2개이므로 기준타수에 $+1$을 해야 하므로 37타가 된다.

㉠ $x=-1$이므로 1타 적게 친 것을 의미한다.

㉡ 9개 홀의 타수의 합은 갑은 34, 을을 37이므로 다르다.

㉢ 세 선수 중에서 타수의 합이 가장 적은 선수는 갑이 맞다.

17 전체 학생의 수는 100명이므로 이 중 10명은 휴대전화도 노트북도 없으므로 90명

휴대전화와 노트북을 1개라도 가지고 있는 학생의 수는 $75+40=115$명

$115-90=25$명

18 경기도 도서관시설 정비예산은 총 1,000,000,000원

경기도 A, B, C 지역이 총 출입건수는 $3,000+4,500+2,500=10,000$건

출입건당 책정예산을 구하면 $1,000,000,000\div10,000=100,000$원

A지역 출입건수 예산$=3,000\times100,000=300,000,000$원

B지역 출입건수 예산$=4,500\times100,000=450,000,000$원

C지역 출입건수 예산$=2,500\times100,000=250,000,000$원

주민 1인당 책정되는 예산

A지역$=300,000,000\div30,000=10,000$원

B지역$=450,000,000\div50,000=9,000$원

C지역$=250,000,000\div40,000=6,250$원

19 자기자본=발행 주식 수×액면가이므로

발행 주식 수$=\frac{\text{자기자본}}{\text{액면가}}$

A 기업의 발행 주식 수$=\frac{100,000}{5}=20,000$

B 기업의 발행 주식 수$=\frac{500,000}{5}=100,000$

C 기업의 발행 주식 수$=\frac{250,000}{0.5}=500,000$

D 기업의 발행 주식 수$=\frac{80,000}{1}=80,000$

주당 순이익$=\frac{\text{순이익}}{\text{발행 주식 수}}$ 이므로

A 기업의 주당 순이익$=\frac{10,000}{20,000}=0.5$

B 기업의 주당 순이익$=\frac{200,000}{100,000}=2$

C 기업의 주당 순이익$=\frac{125,000}{500,000}=0.25$

D 기업의 주당 순이익$=\frac{60,000}{80,000}=0.75$

자기자본 순이익률$=\frac{\text{순이익}}{\text{자기자본}}$ 이므로

A 기업의 자기자본 순이익률$=\frac{10,000}{100,000}=0.1$

B 기업의 자기자본 순이익률$=\frac{200,000}{500,000}=0.4$

C 기업의 자기자본 순이익률$=\frac{125,000}{250,000}=0.5$

D 기업의 자기자본 순이익률$=\frac{60,000}{80,000}=0.75$

㉠ 주당 순이익은 C 기업이 가장 낮다.
㉡ 주당 순이익이 높을수록 주식가격이 높다.
㉢ B 기업의 발행 주식 수는 A 기업의 발행 주식 수의 5배이다.
㉣ 자기자본 순이익률이 클수록 1원의 자기자본에 대한 순이익이 높으므로 D 기업이 가장 높고, A 기업이 가장 낮다.

20 전체 상대도수 1.00에서 나머지 계급의 상대도수를 빼면 0.25가 되므로 B의 값을 구할 수 있다.
또한 '도수의 총합=그 계급의 도수÷상대도수'이므로 $E=200$
E의 값을 구했으므로 대입하면

$\frac{A}{200}=0.25(B)$이므로 $A=50$

같은 방식으로 계산하면 $\frac{C}{200}=0.30$, $C=60$, $\frac{D}{200}=0.35$, $D=70$

$A+D=50+70=120$

계급	도수	상대도수
10~20	20	0.10
20~30	50	0.25
30~40	60	0.30
40~50	70	0.35
전체	200	1.00

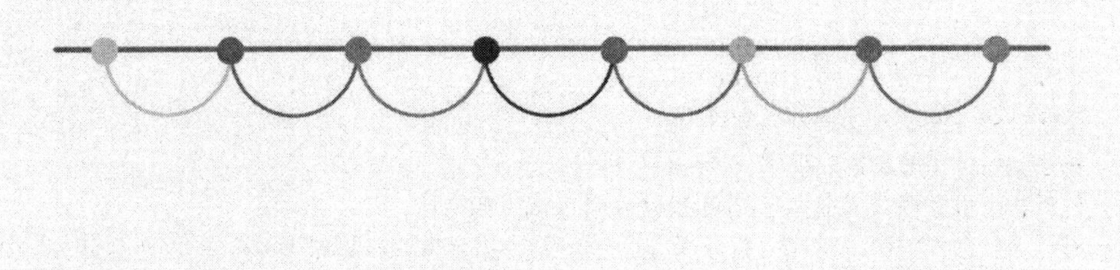

Part. Ⅲ

인성검사

01. 인성검사의 개요
02. 실전 인성검사

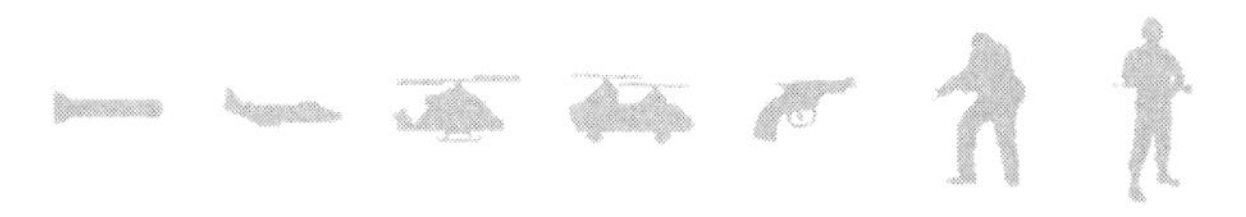

인성검사의 개요

1. 인성(성격)검사의 개념과 목적

인성(성격)이란 개인을 특징짓는 평범하고 일상적인 사회적 이미지, 즉 지속적이고 일관된 공적 성격(Public-personality)이며, 환경에 대응함으로써 선천적 · 후천적 요소의 상호작용으로 결정화된 심리적 · 사회적 특성 및 경향을 의미한다.
인성검사는 직무적성검사를 실시하는 대부분의 기관에서 병행하여 실시하고 있으며, 인성검사만 독자적으로 실시하는 기관도 있다.
군에서는 인성검사를 통하여 각 개인이 어떠한 성격 특성이 발달되어 있고, 어떤 특성이 얼마나 부족한지, 그것이 해당 직무의 특성 및 조직문화와 얼마나 맞는지를 알아보고 이에 적합한 인재를 선발하고자 한다. 또한 개인에게 적합한 직무 배분과 부족한 부분을 교육을 통해 보완하도록 할 수 있다.
인성검사의 측정요소는 검사방법에 따라 차이가 있다. 또한 각 기관들이 사용하고 있는 인성검사는 기존에 개발된 인성검사방법에 각 기관의 인재상을 적용하여 자신들에게 적합하게 재개발하여 사용하는 경우가 많다. 그러므로 군에서 요구하는 인재상을 파악하여 그에 따른 대비책을 준비하는 것이 바람직하다. 본서에서 제시된 인성검사는 크게 '특성'과 '유형'의 측면에서 측정하게 된다.

2. 인성(성격)검사의 개념과 목적

(1) 정서적 측면

정서적 측면은 평소 마음의 당연시하는 자세나 정신상태가 얼마나 안정하고 있는지 또는 불안정한지를 측정한다.
정서의 상태는 직무수행이나 대인관계와 관련하여 태도나 행동으로 드러난다. 그러므로, 정서적 측면을 측정하는 것에 의해, 장래 조직 내의 인간관계에 어느 정도 잘 적응할 수 있을까(또는 적응하지 못할까)를 예측하는 것이 가능하다.
그렇기 때문에, 정서적 측면의 결과는 채용시에 상당히 중시된다. 아무리 능력이 좋아도 장기적으로 조직 내의 인간관계에 잘 적응할 수 없다고 판단되는 인재는 기본적으로는 채용되지 않는다.
일반적으로 인성(성격)검사는 채용과는 관계없다고 생각하나 정서적으로 조직에 적응하지 못하는 인재는 채용단계에서 가려내지는 것을 유의하여야 한다.

① **민감성**(신경도) … 꼼꼼함, 섬세함, 성실함 등의 요소를 통해 일반적으로 신경질적인지 또는 자신의 존재를 위협받는다라는 불안을 갖기 쉬운지를 측정한다.

질문	그렇다	약간 그렇다	그저 그렇다	별로 그렇지 않다	그렇지 않다
• 배려적이라고 생각한다. • 어지러진 방에 있으면 불안하다. • 실패 후에는 불안하다. • 세세한 것까지 신경쓴다. • 이유 없이 불안할 때가 있다.					

▶**측정결과**

㉠ **'그렇다'가 많은 경우**(상처받기 쉬운 유형) : 사소한 일에 신경쓰고 다른 사람의 사소한 한마디 말에 상처를 받기 쉽다.

- **면접관의 심리** : '동료들과 잘 지낼 수 있을까?', '실패할 때마다 위축되지 않을까?'
- **면접대책** : 다소 신경질적이라도 능력을 발휘할 수 있다는 평가를 얻도록 한다. 주변과 충분한 의사소통이 가능하고, 결정한 것을 실행할 수 있다는 것을 보여주어야 한다.

㉡ **'그렇지 않다'가 많은 경우**(정신적으로 안정적인 유형) : 사소한 일에 신경쓰지 않고 금방 해결하며, 주위 사람의 말에 과민하게 반응하지 않는다.

- **면접관의 심리** : '계약할 때 필요한 유형이고, 사고 발생에도 유연하게 대처할 수 있다.'
- **면접대책** : 일반적으로 '민감성'의 측정치가 낮으면 플러스 평가를 받으므로 더욱 자신감 있는 모습을 보여준다.

② **자책성**(과민도) … 자신을 비난하거나 책망하는 정도를 측정한다.

질문	그렇다	약간 그렇다	그저 그렇다	별로 그렇지 않다	그렇지 않다
• 후회하는 일이 많다. • 자신을 하찮은 존재로 생각하는 경우가 있다. • 문제가 발생하면 자기의 탓이라고 생각한다. • 무슨 일이든지 끙끙대며 진행하는 경향이 있다. • 온순한 편이다.					

▶측정결과

㉠ '그렇다'가 많은 경우(자책하는 유형) : 비관적이고 후회하는 유형이다.

- 면접관의 심리 : '끙끙대며 괴로워하고, 일을 진행하지 못할 것 같다.'
- 면접대책 : 기분이 저조해도 항상 의욕을 가지고 생활하는 것과 책임감이 강하다는 것을 보여준다.

㉡ '그렇지 않다'가 많은 경우(낙천적인 유형) : 기분이 항상 밝은 편이다.

- 면접관의 심리 : '안정된 대인관계를 맺을 수 있고, 외부의 압력에도 흔들리지 않는다.'
- 면접대책 : 일반적으로 '자책성'의 측정치가 낮으면 플러스 평가를 받으므로 자신감을 가지고 임한다.

③ 기분성(불안도) … 기분의 굴곡이나 감정적인 면의 미숙함이 어느 정도인지를 측정하는 것이다.

질문	그렇다	약간 그렇다	그저 그렇다	별로 그렇지 않다	그렇지 않다
• 다른 사람의 의견에 자신의 결정이 흔들리는 경우가 많다. • 기분이 쉽게 변한다. • 종종 후회한다. • 다른 사람보다 의지가 약한 편이라고 생각한다. • 금방 싫증을 내는 성격이라는 말을 자주 듣는다.					

▶측정결과

㉠ '그렇다'가 많은 경우(감정의 기복이 많은 유형) : 의지력보다 기분에 따라 행동하기 쉽다.

- 면접관의 심리 : '감정적인 것에 약하며, 상황에 따라 생산성이 떨어지지 않을까?'
- 면접대책 : 주변 사람들과 항상 협조한다는 것을 강조하고 한결같은 상태로 일할 수 있다는 평가를 받도록 한다.

㉡ '그렇지 않다'가 많은 경우(감정의 기복이 적은 유형) : 감정의 기복이 없고, 안정적이다.

- 면접관의 심리 : '안정적으로 업무에 임할 수 있다.'
- 면접대책 : 기분성의 측정치가 낮으면 플러스 평가를 받으므로 자신감을 가지고 면접에 임한다.

④ **독자성**(개인도) … 주변에 대한 견해나 관심, 자신의 견해나 생각에 어느 정도의 속박감을 가지고 있는지를 측정한다.

질문	그렇다	약간 그렇다	그저 그렇다	별로 그렇지 않다	그렇지 않다
• 창의적 사고방식을 가지고 있다. • 융통성이 있는 편이다. • 혼자 있는 편이 많은 사람과 있는 것보다 편하다. • 개성적이라는 말을 듣는다. • 교제는 번거로운 것이라고 생각하는 경우가 많다.					

▶**측정결과**

㉠ **'그렇다'가 많은 경우** : 자기의 관점을 중요하게 생각하는 유형으로, 주위의 상황보다 자신의 느낌과 생각을 중시한다.

- **면접관의 심리** : '제멋대로 행동하지 않을까?'
- **면접대책** : 주위 사람과 협조하여 일을 진행할 수 있다는 것과 상식에 얽매이지 않는다는 인상을 심어준다.

㉡ **'그렇지 않다'가 많은 경우** : 상식적으로 행동하고 주변 사람의 시선에 신경을 쓴다.

- **면접관의 심리** : '다른 직원들과 협조하여 업무를 진행할 수 있겠다.'
- **면접대책** : 협조성이 요구되는 기업체에서는 플러스 평가를 받을 수 있다.

⑤ **자신감**(자존심도) … 자기 자신에 대해 얼마나 긍정적으로 평가하는지를 측정한다.

질문	그렇다	약간 그렇다	그저 그렇다	별로 그렇지 않다	그렇지 않다
• 다른 사람보다 능력이 뛰어나다고 생각한다. • 다소 반대의견이 있어도 나만의 생각으로 행동할 수 있다. • 나는 다른 사람보다 기가 센 편이다. • 동료가 나를 모욕해도 무시할 수 있다. • 대개의 일을 목적한 대로 헤쳐나갈 수 있다고 생각한다.					

▶측정결과

㉠ '그렇다'가 많은 경우 : 자기 능력이나 외모 등에 자신감이 있고, 비판당하는 것을 좋아하지 않는다.

- 면접관의 심리 : '자만하여 지시에 잘 따를 수 있을까?'
- 면접대책 : 다른 사람의 조언을 잘 받아들이고, 겸허하게 반성하는 면이 있다는 것을 보여주고, 동료들과 잘 지내며 리더의 자질이 있다는 것을 강조한다.

㉡ '그렇지 않다'가 많은 경우 : 자신감이 없고 다른 사람의 비판에 약하다.

- 면접관의 심리 : '패기가 부족하지 않을까?', '쉽게 좌절하지 않을까?'
- 면접대책 : 극도의 자신감 부족으로 평가되지는 않는다. 그러나 마음이 약한 면은 있지만 의욕적으로 일을 하겠다는 마음가짐을 보여준다.

⑥ **고양성**(분위기에 들뜨는 정도) … 자유분방함, 명랑함과 같이 감정(기분)의 높고 낮음의 정도를 측정한다.

질문	그렇다	약간 그렇다	그저 그렇다	별로 그렇지 않다	그렇지 않다
• 침착하지 못한 편이다. • 다른 사람보다 쉽게 우쭐해진다. • 모든 사람이 아는 유명인사가 되고 싶다. • 모임이나 집단에서 분위기를 이끄는 편이다. • 취미 등이 오랫동안 지속되지 않는 편이다.					

▶측정결과

㉠ '그렇다'가 많은 경우 : 자극이나 변화가 있는 일상을 원하고 기분을 들뜨게 하는 사람과 친밀하게 지내는 경향이 강하다.

- 면접관의 심리 : '일을 진행하는 데 변덕스럽지 않을까?'
- 면접대책 : 밝은 태도는 플러스 평가를 받을 수 있지만, 착실한 업무능력이 요구되는 직종에서는 마이너스 평가가 될 수 있다. 따라서 자기조절이 가능하다는 것을 보여준다.

㉡ '그렇지 않다'가 많은 경우 : 감정이 항상 일정하고, 속을 드러내 보이지 않는다.

- 면접관의 심리 : '안정적인 업무 태도를 기대할 수 있겠다.'
- 면접대책 : '고양성'의 낮음은 대체로 플러스 평가를 받을 수 있다. 그러나 '무엇을 생각하고 있는지 모르겠다' 등의 평을 듣지 않도록 주의한다.

⑦ 허위성(진위성) … 필요 이상으로 자기를 좋게 보이려 하거나 기업체가 원하는 '이상형'에 맞춘 대답을 하고 있는지, 없는지를 측정한다.

질문	그렇다	약간 그렇다	그저 그렇다	별로 그렇지 않다	그렇지 않다
• 약속을 깨뜨린 적이 한 번도 없다. • 다른 사람을 부럽다고 생각해 본 적이 없다. • 꾸지람을 들은 적이 없다. • 사람을 미워한 적이 없다. • 화를 낸 적이 한 번도 없다.					

▶측정결과

㉠ **'그렇다'가 많은 경우** : 실제의 자기와는 다른, 말하자면 원칙으로 해답할 가능성이 있다.

- **면접관의 심리** : '거짓을 말하고 있다.'
- **면접대책** : 조금이라도 좋게 보이려고 하는 '거짓말쟁이'로 평가될 수 있다. '거짓을 말하고 있다.'는 마음 따위가 전혀 없다해도 결과적으로는 정직하게 답하지 않는다는 것이 되어 버린다. '허위성'의 측정 질문은 구분되지 않고 다른 질문 중에 섞여 있다. 그러므로 모든 질문에 솔직하게 답하여야 한다. 또한 자기 자신과 너무 동떨어진 이미지로 답하면 좋은 결과를 얻지 못한다. 그리고 면접에서 '허위성'을 기본으로 한 질문을 받게 되므로 당황하거나 또다른 모순된 답변을 하게 된다. 겉치레를 하거나 무리한 욕심을 부리지 말고 '이런 사회인이 되고 싶다.'는 현재의 자신보다, 조금 성장한 자신을 표현하는 정도가 적당하다.

㉡ **'그렇지 않다'가 많은 경우** : 냉정하고 정직하며, 외부의 압력과 스트레스에 강한 유형이다. '대쪽같음'의 이미지가 굳어지지 않도록 주의한다.

(2) 행동적인 측면

행동적 측면은 인격 중에 특히 행동으로 드러나기 쉬운 측면을 측정한다. 사람의 행동 특징 자체에는 선도 악도 없으나, 일반적으로는 일의 내용에 의해 원하는 행동이 있다. 때문에 행동적 측면은 주로 직종과 깊은 관계가 있는데 자신의 행동 특성을 살려 적합한 직종을 선택한다면 플러스가 될 수 있다.

행동 특성에서 보여지는 특징은 면접장면에서도 드러나기 쉬운데 본서의 모의 TEST의 결과를 참고하여 자신의 태도, 행동이 면접관의 시선에 어떻게 비치는지를 점검하도록 한다.

① **사회적 내향성** … 대인관계에서 나타나는 행동경향으로 '낯가림'을 측정한다.

질문	선택
A : 파티에서는 사람을 소개받은 편이다. B : 파티에서는 사람을 소개하는 편이다.	
A : 처음 보는 사람과는 즐거운 시간을 보내는 편이다. B : 처음 보는 사람과는 어색하게 시간을 보내는 편이다.	
A : 친구가 적은 편이다. B : 친구가 많은 편이다.	
A : 자신의 의견을 말하는 경우가 적다. B : 자신의 의견을 말하는 경우가 많다.	
A : 사교적인 모임에 참석하는 것을 좋아하지 않는다. B : 사교적인 모임에 항상 참석한다.	

▶**측정결과**

㉠ **'A'가 많은 경우** : 내성적이고 사람들과 접하는 것에 소극적이다. 자신의 의견을 말하지 않고 조심스러운 편이다.

- **면접관의 심리** : '소극적인데 동료와 잘 지낼 수 있을까?'
- **면접대책** : 대인관계를 맺는 것을 싫어하지 않고 의욕적으로 일을 할 수 있다는 것을 보여준다.

㉡ **'B'가 많은 경우** : 사교적이고 자기의 생각을 명확하게 전달할 수 있다.

- **면접관의 심리** : '사교적이고 활동적인 것은 좋지만, 자기 주장이 너무 강하지 않을까?'
- **면접대책** : 협조성을 보여주고, 자기 주장이 너무 강하다는 인상을 주지 않도록 주의한다.

② **내성성(침착도)** … 자신의 행동과 일에 대해 침착하게 생각하는 정도를 측정한다.

질문	선택
A : 시간이 걸려도 침착하게 생각하는 경우가 많다. B : 짧은 시간에 결정을 하는 경우가 많다.	
A : 실패의 원인을 찾고 반성하는 편이다. B : 실패를 해도 그다지(별로) 개의치 않는다.	
A : 결론이 도출되어도 몇 번 정도 생각을 바꾼다. B : 결론이 도출되면 신속하게 행동으로 옮긴다.	
A : 여러 가지 생각하는 것이 능숙하다. B : 여러 가지 일을 재빨리 능숙하게 처리하는 데 익숙하다.	
A : 여러 가지 측면에서 사물을 검토한다. B : 행동한 후 생각을 한다.	

▶측정결과

㉠ 'A'가 많은 경우 : 행동하기 보다는 생각하는 것을 좋아하고 신중하게 계획을 세워 실행한다.
- 면접관의 심리 : '행동으로 실천하지 못하고, 대응이 늦은 경향이 있지 않을까?'
- 면접대책 : 발로 뛰는 것을 좋아하고, 일을 더디게 한다는 인상을 주지 않도록 한다.

㉡ 'B'가 많은 경우 : 차분하게 생각하는 것보다 우선 행동하는 유형이다.
- 면접관의 심리 : '생각하는 것을 싫어하고 경솔한 행동을 하지 않을까?'
- 면접대책 : 계획을 세우고 행동할 수 있는 것을 보여주고 '사려깊다'라는 인상을 남기도록 한다.

③ 신체활동성 … 몸을 움직이는 것을 좋아하는가를 측정한다.

질문	선택
A : 민첩하게 활동하는 편이다. B : 준비행동이 없는 편이다.	
A : 일을 척척 해치우는 편이다. B : 일을 더디게 처리하는 편이다.	
A : 활발하다는 말을 듣는다. B : 얌전하다는 말을 듣는다.	
A : 몸을 움직이는 것을 좋아한다. B : 가만히 있는 것을 좋아한다.	
A : 스포츠를 하는 것을 즐긴다. B : 스포츠를 보는 것을 좋아한다.	

▶측정결과

㉠ 'A'가 많은 경우 : 활동적이고, 몸을 움직이게 하는 것이 컨디션이 좋다.
- 면접관의 심리 : '활동적으로 활동력이 좋아 보인다.'
- 면접대책 : 활동하고 얻은 성과 등과 주어진 상황의 대응능력을 보여준다.

㉡ 'B'가 많은 경우 : 침착한 인상으로, 차분하게 있는 타입이다.
- 면접관의 심리 : '좀처럼 행동하려 하지 않아 보이고, 일을 빠르게 처리할 수 있을까?'

④ **지속성**(노력성) … 무슨 일이든 포기하지 않고 끈기 있게 하려는 정도를 측정한다.

질문	선택
A : 일단 시작한 일은 시간이 걸려도 끝까지 마무리한다. B : 일을 하다 어려움에 부딪히면 단념한다.	
A : 끈질긴 편이다. B : 바로 단념하는 편이다.	
A : 인내가 강하다는 말을 듣는다. B : 금방 싫증을 낸다는 말을 듣는다.	
A : 집념이 깊은 편이다. B : 담백한 편이다.	
A : 한 가지 일에 구애되는 것이 좋다고 생각한다. B : 간단하게 체념하는 것이 좋다고 생각한다.	

▶**측정결과**

㉠ **'A'가 많은 경우** : 시작한 것은 어려움이 있어도 포기하지 않고 인내심이 높다.
- **면접관의 심리** : '한 가지의 일에 너무 구애되고, 업무의 진행이 원활할까?'
- **면접대책** : 인내력이 있는 것은 플러스 평가를 받을 수 있지만 집착이 강해 보이기도 한다.

㉡ **'B'가 많은 경우** : 뒤끝이 없고 조그만 실패로 일을 포기하기 쉽다.
- **면접관의 심리** : '질리는 경향이 있고, 일을 정확히 끝낼 수 있을까?'
- **면접대책** : 지속적인 노력으로 성공했던 사례를 준비하도록 한다.

⑤ **신중성**(주의성) … 자신이 처한 주변상황을 즉시 파악하고 자신의 행동이 어떤 영향을 미치는지를 측정한다.

질문	선택
A : 여러 가지로 생각하면서 완벽하게 준비하는 편이다. B : 행동할 때부터 임기응변적인 대응을 하는 편이다.	
A : 신중해서 타이밍을 놓치는 편이다. B : 준비 부족으로 실패하는 편이다.	
A : 자신은 어떤 일에도 신중히 대응하는 편이다. B : 순간적인 충동으로 활동하는 편이다.	
A : 시험을 볼 때 끝날 때까지 재검토하는 편이다. B : 시험을 볼 때 한 번에 모든 것을 마치는 편이다.	
A : 일에 대해 계획표를 만들어 실행한다. B : 일에 대한 계획표 없이 진행한다.	

▶측정경과

㉠ 'A'가 많은 경우 : 주변 상황에 민감하고, 예측하여 계획있게 일을 진행한다.

- 면접관의 심리 : '너무 신중해서 적절한 판단을 할 수 있을까?', '앞으로의 상황에 불안을 느끼지 않을까?'
- 면접대책 : 예측을 하고 실행을 하는 것은 플러스 평가가 되지만, 너무 신중하면 일의 진행이 정체될 가능성을 보이므로 추진력이 있다는 강한 의욕을 보여준다.

㉡ 'B'가 많은 경우 : 주변 상황을 살펴 보지 않고 착실한 계획없이 일을 진행시킨다.

- 면접관의 심리 : '사려깊지 않고 않고, 실패하는 일이 많지 않을까?', '판단이 빠르고 유연한 사고를 할 수 있을까?'
- 면접대책 : 사전준비를 중요하게 생각하고 있다는 것 등을 보여주고, 경솔한 인상을 주지 않도록 한다. 또한 판단력이 빠르거나 유연한 사고 덕분에 일 처리를 잘 할 수 있다는 것을 강조한다.

(3) 의욕적인 측면

의욕적인 측면은 의욕의 정도, 활동력의 유무 등을 측정한다. 여기서의 의욕이란 우리들이 보통 말하고 사용하는 '하려는 의지'와는 조금 뉘앙스가 다르다. '하려는 의지'란 그 때의 환경이나 기분에 따라 변화하는 것이지만, 여기에서는 조금 더 변화하기 어려운 특징, 말하자면 정신적 에너지의 양으로 측정하는 것이다.

의욕적 측면은 행동적 측면과는 다르고, 전반적으로 어느 정도 점수가 높은 쪽을 선호한다. 모의검사의 의욕적 측면의 결과가 낮다면, 평소 일에 몰두할 때 조금 의욕 있는 자세를 가지고 서서히 개선하도록 노력해야 한다.

① **달성의욕** … 목적의식을 가지고 높은 이상을 가지고 있는지를 측정한다.

질문	선택
A : 경쟁심이 강한 편이다. B : 경쟁심이 약한 편이다.	
A : 어떤 한 분야에서 제1인자가 되고 싶다고 생각한다. B : 어느 분야에서든 성실하게 임무를 진행하고 싶다고 생각한다.	
A : 규모가 큰 일을 해보고 싶다. B : 맡은 일에 충실히 임하고 싶다.	
A : 아무리 노력해도 실패한 것은 아무런 도움이 되지 않는다. B : 가령 실패했을 지라도 나름대로의 노력이 있었으므로 괜찮다.	
A : 높은 목표를 설정하여 수행하는 것이 의욕적이다. B : 실현 가능한 정도의 목표를 설정하는 것이 의욕적이다.	

▶측정결과

㉠ 'A'가 많은 경우 : 큰 목표와 높은 이상을 가지고 승부욕이 강한 편이다.
- 면접관의 심리 : '열심히 일을 해줄 것 같은 유형이다.'
- 면접대책 : 달성의욕이 높다는 것은 어떤 직종이라도 플러스 평가가 된다.

㉡ 'B'가 많은 경우 : 현재의 생활을 소중하게 여기고 비약적인 발전을 위해 기를 쓰지 않는다.
- 면접관의 심리 : '외부의 압력에 약하고, 기획입안 등을 하기 어려울 것이다.'
- 면접대책 : 일을 통하여 하고 싶은 것들을 구체적으로 어필한다.

② **활동의욕** … 자신에게 잠재된 에너지의 크기로, 정신적인 측면의 활동력이라 할 수 있다.

질문	선택
A : 하고 싶은 일을 실행으로 옮기는 편이다. B : 하고 싶은 일을 좀처럼 실행할 수 없는 편이다.	
A : 어려운 문제를 해결해 가는 것이 좋다. B : 어려운 문제를 해결하는 것을 잘하지 못한다.	
A : 일반적으로 결단이 빠른 편이다. B : 일반적으로 결단이 느린 편이다.	
A : 곤란한 상황에도 도전하는 편이다. B : 사물의 본질을 깊게 관찰하는 편이다.	
A : 시원시원하다는 말을 잘 듣는다. B : 꼼꼼하다는 말을 잘 듣는다.	

▶측정결과

㉠ 'A'가 많은 경우 : 꾸물거리는 것을 싫어하고 재빠르게 결단해서 행동하는 타입이다.
- 면접관의 심리 : '일을 처리하는 솜씨가 좋고, 일을 척척 진행할 수 있을 것 같다.'
- 면접대책 : 활동의욕이 높은 것은 플러스 평가가 된다. 사교성이나 활동성이 강하다는 인상을 준다.

㉡ 'B'가 많은 경우 : 안전하고 확실한 방법을 모색하고 차분하게 시간을 아껴서 일에 임하는 타입이다.
- 면접관의 심리 : '재빨리 행동을 못하고, 일의 처리속도가 느린 것이 아닐까?'
- 면접대책 : 활동성이 있는 것을 좋아하고 움직임이 더디다는 인상을 주지 않도록 한다.

3. 성격의 유형

(1) 인성검사유형의 4가지 척도

정서적인 측면, 행동적인 측면, 의욕적인 측면의 요소들은 성격 특성이라는 관점에서 제시된 것들로 각 개인의 장 · 단점을 파악하는 데 유용하다. 그러나 전체적인 개인의 인성을 이해하는 데는 한계가 있다.
성격의 유형은 개인의 '성격적인 특색'을 가리키는 것으로, 사회인으로서 적합한지, 아닌지를 말하는 관점과는 관계가 없다. 따라서 채용의 합격 여부에는 사용되지 않는 경우가 많으며, 입사 후의 적정 부서 배치의 자료가 되는 편이라 생각하면 된다. 그러나 채용과 관계가 없다고 해서 아무런 준비도 필요없는 것은 아니다. 자신을 아는 것은 면접 대책의 밑거름이 되므로 모의검사 결과를 충분히 활용하도록 하여야 한다.
본서에서는 4개의 척도를 사용하여 기본적으로 16개의 패턴으로 성격의 유형을 분류하고 있다. 각 개인의 성격이 어떤 유형인지 재빨리 파악하기 위해 사용되며, '적성'에 맞는지, 맞지 않는지의 관점에 활용된다.

- 흥미 · 관심의 방향 : 내향형 ←――――→ 외향형
- 사물에 대한 견해 : 직관형 ←――――→ 감각형
- 판단하는 방법 : 감정형 ←――――→ 사고형
- 환경에 대한 접근방법 : 지각형 ←――――→ 판단형

(2) 성격유형

① 흥미 · 관심의 방향(내향⇆외향) … 흥미 · 관심의 방향이 자신의 내면에 있는지, 주위환경 등 외면에 향하는 지를 가리키는 척도이다.

질문	선택
A : 내성적인 성격인 편이다. B : 개방적인 성격인 편이다.	
A : 항상 신중하게 생각을 하는 편이다. B : 바로 행동에 착수하는 편이다.	
A : 수수하고 조심스러운 편이다. B : 자기표현력이 강한 편이다.	
A : 다른 사람과 함께 있으면 침착하지 않다. B : 혼자서 있으면 침착하지 않다.	

▶측정결과

㉠ 'A'가 많은 경우(내향) : 관심의 방향이 자기 내면에 있으며, 조용하고 낯을 가리는 유형이다. 행동력은 부족하나 집중력이 뛰어나고 신중하고 꼼꼼하다.

㉡ 'B'가 많은 경우(외향) : 관심의 방향이 외부환경에 있으며, 사교적이고 활동적인 유형이다. 꼼꼼함이 부족하여 대충하는 경향이 있으나 행동력이 있다.

② 일(사물)을 보는 방법(직감⇆감각) … 일(사물)을 보는 법이 직감적으로 형식에 얽매이는지, 감각적으로 상식적인지를 가리키는 척도이다.

질문	선택
A : 현실주의적인 편이다. B : 상상력이 풍부한 편이다.	
A : 정형적인 방법으로 일을 처리하는 것을 좋아한다. B : 만들어진 방법에 변화가 있는 것을 좋아한다.	
A : 경험에서 가장 적합한 방법으로 선택한다. B : 지금까지 없었던 새로운 방법을 개척하는 것을 좋아한다.	
A : 성실하다는 말을 듣는다. B : 호기심이 강하다는 말을 듣는다.	

▶측정결과

㉠ 'A'가 많은 경우(감각) : 현실적이고 경험주의적이며 보수적인 유형이다.

㉡ 'B'가 많은 경우(직관) : 새로운 주제를 좋아하며, 독자적인 시각을 가진 유형이다.

③ **판단하는 방법**(감정⇆사고) … 일을 감정적으로 판단하는지, 논리적으로 판단하는지를 가리키는 척도이다.

질문	선택
A : 인간관계를 중시하는 편이다. B : 일의 내용을 중시하는 편이다.	
A : 결론을 자기의 신념과 감정에서 이끌어내는 편이다. B : 결론을 논리적 사고에 의거하여 내리는 편이다.	
A : 다른 사람보다 동정적이고 눈물이 많은 편이다. B : 다른 사람보다 이성적이고 냉정하게 대응하는 편이다.	
A : 머리로는 이해해도 심정상 받아들일 수 없을 때가 있다. B : 마음은 알지만 받아들일 수 없을 때가 있다.	

▶**측정결과**

㉠ **'A'가 많은 경우(감정)** : 일을 판단할 때 마음·감정을 중요하게 여기는 유형이다. 감정이 풍부하고 친절하나 엄격함이 부족하고 우유부단하며, 합리성이 부족하다.

㉡ **'B'가 많은 경우(사고)** : 일을 판단할 때 논리성을 중요하게 여기는 유형이다. 이성적이고 합리적이나 타인에 대한 배려가 부족하다.

④ **환경에 대한 접근방법** … 주변상황에 어떻게 접근하는지, 그 판단기준을 어디에 두는지를 측정한다.

질문	선택
A : 사전에 계획을 세우지 않고 행동한다. B : 반드시 계획을 세우고 그것에 의거해서 행동한다.	
A : 자유롭게 행동하는 것을 좋아한다. B : 조직적으로 행동하는 것을 좋아한다.	
A : 조직성이나 관습에 속박당하지 않는다. B : 조직성이나 관습을 중요하게 여긴다.	
A : 계획 없이 낭비가 심한 편이다. B : 예산을 세워 물건을 구입하는 편이다.	

▶**측정결과**

㉠ **'A'가 많은 경우(지각)** : 일의 변화에 융통성을 가지고 유연하게 대응하는 유형이다. 낙관적이며 질서보다는 자유를 좋아하나 임기응변식의 대응으로 무계획적인 인상을 줄 수 있다.

㉡ **'B'가 많은 경우(판단)** : 일의 진행시 계획을 세워서 실행하는 유형이다. 순차적으로 진행하는 일을 좋아하고 끈기가 있으나 변화에 대해 적절하게 대응하지 못하는 경향이 있다.

(3) 성격유형의 판정

성격유형은 합격 여부의 판정보다는 배치를 위한 자료로써 이용된다. 즉, 기업은 입사시험단계에서 입사 후에도 사용할 수 있는 정보를 입수하고 있다는 것이다. 성격검사에서는 어느 척도가 얼마나 고득점이었는지에 주시하고 각각의 측면에서 반드시 하나씩 고르고 편성한다. 편성은 모두 16가지가 되나 각각의 측면을 더 세분하면 200가지 이상의 유형이 나온다.

여기에서는 16가지 편성을 제시한다. 성격검사에 어떤 정보가 게재되어 있는지를 이해하면서 자기의 성격유형을 파악하기 위한 실마리로 활용하도록 한다.

① 내향 – 직관 – 감정 – 지각(TYPE A)

관심이 내면에 향하고 조용하고 소극적이다. 사물에 대한 견해는 새로운 것에 대해 호기심이 강하고, 독창적이다. 감정은 좋아하는 것과 싫어하는 것의 판단이 확실하고, 감정이 풍부하고 따뜻한 느낌이 있는 반면, 합리성이 부족한 경향이 있다. 환경에 접근하는 방법은 순응적이고 상황의 변화에 대해 유연하게 대응하는 것을 잘한다.

② 내향 – 직관 – 감정 – 사고(TYPE B)

관심이 내면으로 향하고 조용하고 쓸쓸러움을 잘 타는 편이다. 사물을 보는 관점은 독창적이며, 자기 나름대로 궁리하며 생각하는 일이 많다. 좋고 싫음으로 판단하는 경향이 강하고 타인에게는 친절한 반면, 우유부단하기 쉬운 편이다. 환경 변화에 대해 유연하게 대응하는 것을 잘한다.

③ 내향 – 직관 – 사고 – 지각(TYPE C)

관심이 내면으로 향하고 얌전하고 교제범위가 좁다. 사물을 보는 관점은 독창적이며, 현실에서 먼 추상적인 것을 생각하기를 좋아한다. 논리적으로 생각하고 판단하는 경향이 강하고 이성적이지만, 남의 감정에 대해서는 무반응인 경향이 있다. 환경의 변화에 순응적이고 융통성 있게 임기응변으로 대응할 수가 있다.

④ 내향 – 직관 – 사고 – 판단(TYPE D)

관심이 내면으로 향하고 주의깊고 신중하게 행동을 한다. 사물을 보는 관점은 독창적이며 논리를 좋아해서 이치를 따지는 경향이 있다. 논리적으로 생각하고 판단하는 경향이 강하고, 객관적이지만 상대방의 마음에 대한 배려가 부족한 경향이 있다. 환경에 대해서는 순응하는 것보다 대응하며, 한 번 정한 것은 끈질기게 행동하려 한다.

⑤ 내향 – 감각 – 감정 – 지각(TYPE E)

관심이 내면으로 향하고 조용하며 소극적이다. 사물을 보는 관점은 상식적이고 그대로의 것을 좋아하는 경향이 있다. 좋음과 싫음으로 판단하는 경향이 강하고 타인에 대해서 동정심이 많은 반면, 엄격한 면이 부족한 경향이 있다. 환경에 대해서는 순응적이고, 예측할 수 없다해도 태연하게 행동하는 경향이 있다.

⑥ 내향 – 감각 – 감정 – 판단(TYPE F)

관심이 내면으로 향하고 얌전하며 쑥쓰러움을 많이 탄다. 사물을 보는 관점은 상식적이고 논리적으로 생각하는 것보다도 경험을 중요시하는 경향이 있다. 좋고 싫음으로 판단하는 경향이 강하고 사람이 좋은 반면, 개인적 취향이나 소원에 영향을 받는 일이 많은 경향이 있다. 환경에 대해서는 영향을 받지 않고, 자기 페이스 대로 꾸준히 성취하는 일을 잘한다.

⑦ 내향 – 감각 – 사고 – 지각(TYPE G)

관심이 내면으로 향하고 얌전하고 교제범위가 좁다. 사물을 보는 관점은 상식적인 동시에 실천적이며, 틀에 박힌 형식을 좋아한다. 논리적으로 판단하는 경향이 강하고 침착하지만 사람에 대해서는 엄격하여 차가운 인상을 주는 일이 많다. 환경에 대해서 순응적이고, 계획적으로 행동하지 않으며 자유로운 행동을 좋아하는 경향이 있다.

⑧ 내향 – 감각 – 사고 – 판단(TYPE H)

관심이 내면으로 향하고 주의 깊고 신중하게 행동을 한다. 사물을 보는 관점이 상식적이고 새롭고 경험하지 못한 일에 대응을 잘 하지 못한다. 논리적으로 생각하고 판단하는 경향이 강하고, 공평하지만 상대방의 감정에 대해 배려가 부족할 때가 있다. 환경에 대해서는 작용하는 편이고, 질서 있게 행동하는 것을 좋아한다.

⑨ 외향 – 직관 – 감정 – 지각(TYPE I)

관심이 외향으로 향하고 밝고 활동적이며 교제범위가 넓다. 사물을 보는 관점은 독창적이고 호기심이 강하며 새로운 것을 생각하는 것을 좋아한다. 좋음 싫음으로 판단하는 경향이 강하다. 사람은 좋은 반면 개인적 취향이나 소원에 영향을 받는 일이 많은 편이다.

⑩ 외향 – 직관 – 감정 – 판단(TYPE J)

관심이 외향으로 향하고 개방적이며 누구와도 쉽게 친해질 수 있다. 사물을 보는 관점은 독창적이고 자기 나름대로 궁리하고 생각하는 면이 많다. 좋음과 싫음으로 판단하는 경향이 강하고, 타인에 대해 동정적이기 쉽고 엄격함이 부족한 경향이 있다. 환경에 대해서는 작용하는 편이고 질서 있는 행동을 하는 것을 좋아한다.

⑪ 외향 – 직관 – 사고 – 지각(TYPE K)

관심이 외향으로 향하고 태도가 분명하며 활동적이다. 사물을 보는 관점은 독창적이고 현실과 거리가 있는 추상적인 것을 생각하는 것을 좋아한다. 논리적으로 생각하고 판단하는 경향이 강하고, 공평하지만 상대에 대한 배려가 부족할 때가 있다.

⑫ 외향 – 직관 – 사고 – 판단(TYPE L)

관심이 외향으로 향하고 밝고 명랑한 성격이며 사교적인 것을 좋아한다. 사물을 보는 관점은 독창적이고 논리적인 것을 좋아하기 때문에 이치를 따지는 경향이 있다. 논리적으로 생각하고 판단하는 경향이 강하고 침착성이 뛰어나지만 사람에 대해서 엄격하고 차가운 인상을 주는 경우가 많다. 환경에 대해 작용하는 편이고 계획을 세우고 착실하게 실행하는 것을 좋아한다.

⑬ 외향 – 감각 – 감정 – 지각(TYPE M)

관심이 외향으로 향하고 밝고 활동적이고 교제범위가 넓다. 사물을 보는 관점은 상식적이고 종래대로 있는 것을 좋아한다. 보수적인 경향이 있고 좋아함과 싫어함으로 판단하는 경향이 강하며 타인에게는 친절한 반면, 우유부단한 경우가 많다. 환경에 대해 순응적이고, 융통성이 있고 임기응변으로 대응할 가능성이 높다.

⑭ 외향 – 감각 – 감정 – 판단(TYPE N)

관심이 외향으로 향하고 개방적이며 누구와도 쉽게 대면할 수 있다. 사물을 보는 관점은 상식적이고 논리적으로 생각하기보다는 경험을 중시하는 편이다. 좋아함과 싫어함으로 판단하는 경향이 강하고 감정이 풍부하며 따뜻한 느낌이 있는 반면에 합리성이 부족한 경우가 많다. 환경에 대해서 작용하는 편이고, 한 번 결정한 것은 끈질기게 실행하려고 한다.

⑮ 외향 – 감각 – 사고 – 지각(TYPE O)

관심이 외향으로 향하고 시원한 태도이며 활동적이다. 사물을 보는 관점이 상식적이며 동시에 실천적이고 명백한 형식을 좋아하는 경향이 있다. 논리적으로 생각하고 판단하는 경향이 강하고, 객관적이지만 상대 마음에 대해 배려가 부족한 경향이 있다.

⑯ 외향 – 감각 – 사고 – 판단(TYPE P)

관심이 외향으로 향하고 밝고 명랑하며 사교적인 것을 좋아한다. 사물을 보는 관점은 상식적이고 경험하지 못한 새로운 것에 대응을 잘 하지 못한다. 논리적으로 생각하고 판단하는 경향이 강하고 이성적이지만 사람의 감정에 무심한 경향이 있다. 환경에 대해서는 작용하는 편이고, 자기 페이스대로 꾸준히 성취하는 것을 잘한다.

4. 인성검사의 대책

(1) 미리 알아두어야 할 점

① 출제문항 수 … 인성검사의 출제문항 수는 특별히 정해진 것이 아니며 각 기관의 기준에 따라 달라질 수 있다. 보통 300문항 이상에서 600문항까지 출제된다고 예상하면 된다.

② 출제형식

㉠ '예' 아니면 '아니오'의 형식

다음 문항을 읽고 자신에게 해당되는지 안 되는지를 판단하여 해당될 경우 '예'를, 해당되지 않을 경우 '아니오'를 고르시오.

질문	예	아니오
1. 자신의 생각이나 의견은 좀처럼 변하지 않는다.	○	
2. 구입한 후 끝까지 읽지 않은 책이 많다.		○

다음 문항에 대해서 평소에 자신이 생각하고 있는 것이나 행동하고 있는 것에 ○표를 하시오.

질문	그렇다	약간 그렇다	그저 그렇다	별로 그렇지 않다	그렇지 않다
1. 시간에 쫓기는 것이 싫다.		○			
2. 여행가기 전에 계획을 세운다			○		

㉡ A와 B의 선택형식

A와 B에 주어진 문장을 읽고 자신에게 해당되는 것을 고르시오.

질문	선택
A : 걱정거리가 있어서 잠을 못 잘 때가 있다.	(○)
B : 걱정거리가 있어도 잠을 잘 잔다.	( )

(2) 임하는 자세

① **솔직하게 있는 그대로 표현한다** … 인성검사는 평범한 일상생활 내용들을 다룬 짧은 문장과 어떤 대상이나 일에 대한 선로를 선택하는 문장으로 구성되었으므로 평소에 자신이 생각한 바를 너무 골똘히 생각하지 말고 문제를 보는 순간 떠오른 것을 표현한다.

② **모든 문제를 신속하게 대답한다** … 인성검사는 시간 제한이 없는 것이 원칙이지만 기업체들은 일정한 시간 제한을 두고 있다. 인성검사는 개인의 성격과 자질을 알아보기 위한 검사이기 때문에 정답이 없다. 다만, 기업체에서 바람직하게 생각하거나 기대되는 결과가 있을 뿐이다. 따라서 시간에 쫓겨서 대충 대답을 하는 것은 바람직하지 못하다.

실전 인성검사

※ 인성검사는 면접 시 활용되며, 응시자의 인성을 파악하기 위한 자료이므로 별도의 정답이 존재하지 않습니다.

※ 다음 ( ) 안에 진술이 자신에게 적합하면 YES, 그렇지 않다면 NO를 선택하시오. 【1~338】

	YES	NO
1. 사람들이 착실한 노력으로 성공한 이야기를 좋아한다.	( )	( )
2. 어떠한 일에도 항상 의욕적으로 임하는 편이다.	( )	( )
3. 학창시절 학급에서 존재가 두드러졌다.	( )	( )
4. 아무것도 생각하지 않을 때가 많다.	( )	( )
5. 스포츠는 하는 것보다 보는 것을 더 좋아한다.	( )	( )
6. 나 자신이 게으른 편이라고 생각한다.	( )	( )
7. 비가 오지 않아도 날씨가 흐리면 우산을 챙겨 외출을 한다.	( )	( )
8. 1인자 보다 조력자의 역할이 어울린다고 생각한다.	( )	( )
9. 의리를 중요하게 생각한다.	( )	( )
10. 모임에서 주로 리드를 하는 편이다.	( )	( )
11. 신중함이 부족해서 후회한 적이 많다.	( )	( )
12. 모든 일에 여유 있게 대비하는 타입이다.	( )	( )
13. 업무를 진행하다가도 퇴근 시간이 되면 바로 퇴근할 것이다.	( )	( )
14. 타인을 만날 경우 반드시 약속을 하고 만난다.	( )	( )
15. 노력하는 과정은 중요하나 결과는 중요하다고 생각하지 않는다.	( )	( )
16. 매사 무리해서 일을 진행하지는 않는다.	( )	( )
17. 유행에 민감한 편이다.	( )	( )
18. 정해진 틀에 의해 움직이는 것이 좋다.	( )	( )
19. 현실을 직시하는 편이다.	( )	( )
20. 자유보다 질서를 중요시하게 생각한다.	( )	( )
21. 친구들과 수다를 떠는 것을 좋아한다.	( )	( )
22. 모든 일을 결정할 때 항상 경험에 비추어 판단하는 편이다.	( )	( )
23. 영화를 볼 때 각본의 완성도나 화면의 구성에 주목한다.	( )	( )
24. 타인의 일에는 별로 관심이 없다.	( )	( )

YES NO

25. 정이 많다는 소릴 자주 듣는다. ……………………………………………………( )( )

26. 독단적인 것보다 협동하여 일을 하는 것이 편하다. ……………………………( )( )

27. 친구들의 휴대전화 번호를 모두 외운다. ………………………………………( )( )

28. 일의 순서를 정해놓고 진행하는 것을 좋아한다. ………………………………( )( )

29. 이성적인 사람보다 감성적인 사람이 더 좋다. ………………………………( )( )

30. 세상 돌아가는 일에 관심이 많다. ………………………………………………( )( )

31. 인생은 한 방이라고 생각한다. …………………………………………………( )( )

32. 사람은 환경이 중요하다고 생각한다. …………………………………………( )( )

33. 하루하루 그날의 일을 반성하는 편이다. ………………………………………( )( )

34. 활동범위가 좁은 편이다. …………………………………………………………( )( )

35. 나는 시원시원한 사람이다. ………………………………………………………( )( )

36. 하고 싶은 일은 다른 일을 제쳐두고 라도 반드시 해야 한다. ………………( )( )

37. 다른 사람들에게 좋은 모습만 보여주고 싶다. ………………………………( )( )

38. 한 번에 많은 일을 떠맡는 것은 골칫거리라고 생각한다. ……………………( )( )

39. 사람들과 만날 약속을 하는 것은 늘 즐거운 일이다. …………………………( )( )

40. 질문을 받으면 바로바로 대답을 할 수 있다. …………………………………( )( )

41. 육체적인 노동보다는 머리를 쓰는 일이 더 편하다. …………………………( )( )

42. 이미 결정된 일에는 절대 반박을 하지 않는다. ………………………………( )( )

43. 외출 시 항상 문을 잠갔는지 두 번 이상 확인하여야 한다. …………………( )( )

44. 빨리 가는 길보다 안전한 길을 선택한다. ……………………………………( )( )

45. 나는 사교적이라고 생각한다. ……………………………………………………( )( )

46. 모든 일에 빨리 단념을 하는 편이다. …………………………………………( )( )

47. 누구도 예상하지 못한 일을 하고 싶다. ………………………………………( )( )

48. 평범하고 평온하게 인생을 살고 싶다. …………………………………………( )( )

49. 나는 소극적인 사람이다. …………………………………………………………( )( )

50. 이것저것 남의 일에 평하는 사람을 싫어한다. ………………………………( )( )

51. 나는 성격이 매우 급하다. ………………………………………………………( )( )

52. 꾸준하게 무엇인가를 해 본 적이 없다. ………………………………………( )( )

53. 내일의 계획은 항상 머릿속에 있다. ……………………………………………( )( )

YES NO

54. 협동심이 강한 편이다. ( )( )
55. 나는 매우 열정적인 사람이다. ( )( )
56. 다른 사람들 앞에서 이야기를 잘한다. ( )( )
57. 말보다 행동이 더 강한 편이다. ( )( )
58. 한 번 자리에 앉으면 오래 앉아 있는 편이다. ( )( )
59. 남의 말에 구애받지 않는다. ( )( )
60. 나는 권력보다 돈이 더 중요하다. ( )( )
61. 업무를 할당받으면 늘 부담스럽다. ( )( )
62. 나는 한 시라도 집 안에 있는 것은 참을 수 없다. ( )( )
63. 나는 보수적인 성향을 가지고 있다. ( )( )
64. 모든 일에 계산적이다. ( )( )
65. 규칙은 지키라고 정해 놓은 것이라 생각한다. ( )( )
66. 나는 한 번도 교통법규를 위반한 적이 없다. ( )( )
67. 교제의 범위가 넓어 외국인 친구도 있다. ( )( )
68. 판단을 할 때에는 상식 밖의 생각은 하지 않는다. ( )( )
69. 주관적인 판단을 할 때가 많다. ( )( )
70. 가능성을 생각하기 보다는 현실을 추구하는 편이다. ( )( )
71. 나는 다른 사람들에게 반드시 필요한 사람이라고 생각한다. ( )( )
72. 누군가를 죽도록 미워해 본 적이 있다. ( )( )
73. 누군가가 잘 되지 않도록 기도해 본 적이 있다. ( )( )
74. 여행을 떠날 때면 반드시 계획을 하고 떠나야 맘이 편하다. ( )( )
75. 일을 할 때에는 집중력이 매우 강해진다. ( )( )
76. 주위에서 괴로워하는 사람을 보면 그 이유가 무엇인지 궁금해진다. ( )( )
77. 나는 가치 기준이 확고하다. ( )( )
78. 다른 사람들보다 개방적인 성향이다. ( )( )
79. 현실타협을 잘 하지 않는다. ( )( )
80. 공평하고 공정한 상사가 좋다. ( )( )
81. 단 한 번도 죽음을 생각해 본 적이 없다. ( )( )
82. 내 자신이 쓸모없는 존재라고 생각해 본 적이 있다. ( )( )

YES NO

83. 사람들과 이야기를 하다가 이유 없이 흥분한 적이 있다. ……………………………………( )( )

84. 내 말이 무조건 맞다고 우겨본 일이 많다. ……………………………………………………( )( )

85. 작은 일에도 분석적이고 논리적으로 생각한다. ………………………………………………( )( )

86. 나에게 도움이 되지 않는 일에는 절대 관여하지 않는다. ……………………………………( )( )

87. 사물에 대해서는 매사 가볍게 생각하는 경향이 강하다. ……………………………………( )( )

88. 계획을 정확하게 세워서 행동을 하려고 해도 한 번도 지켜본 적이 없다. …………( )( )

89. 주변 사람들은 힘든 일이 있을 때마다 나를 찾아와 조언을 구한다. …………………( )( )

90. 한 번 결심한 일은 절대 변경하지 않는다. ……………………………………………………( )( )

91. 친한 친구 외에는 만나지 않는다. ………………………………………………………………( )( )

92. 활발한 사람을 보면 부럽다. ………………………………………………………………………( )( )

93. 학창시절 암기과목 보다 체육을 가장 잘했다. ………………………………………………( )( )

94. 모든 일은 결과보다 과정이 중요하다고 생각한다. …………………………………………( )( )

95. 나의 능력 밖에 일은 절대 하지 못한다. ………………………………………………………( )( )

96. 새로운 사람들을 만날 때면 항상 떨리며 용기가 필요하다. ………………………………( )( )

97. 차분하고 사려 깊은 사람을 배우자로 맞이하고 싶다. ………………………………………( )( )

98. 글을 쓸 때에는 항상 내용을 결정하고 쓴다. …………………………………………………( )( )

99. 스트레스를 받으면 식욕이 땡긴다. ………………………………………………………………( )( )

100. 기한 내에 정해진 일을 끝내지 못한 경우가 많다. ………………………………………( )( )

101. 스트레스를 받으면 반드시 술을 마셔야 한다. ………………………………………………( )( )

102. 혼자서 술집에서 술을 마셔본 적이 있다. ……………………………………………………( )( )

103. 여러 사람들 만나는 것보다 한 사람과 만나는 것이 더 좋다. ……………………………( )( )

104. 무리한 도전을 할 필요가 없다고 생각한다. …………………………………………………( )( )

105. 내가 납득을 하지 못하는 일이 생기면 화부터 난다. ………………………………………( )( )

106. 약속시간에 늦는 사람을 보면 이해를 할 수가 없다. ………………………………………( )( )

107. 이성을 만날 때면 항상 마음이 두근거린다. …………………………………………………( )( )

108. 휴일에는 반드시 집에 있어야 한다. ……………………………………………………………( )( )

109. 위험을 무릅쓰면서 성공을 해야 한다고 생각하지는 않는다. ……………………………( )( )

110. 어려운 일에 봉착하면 늘 다른 사람들이 도와줄 것이라 생각한다. …………………( )( )

111. 한 번 결론을 지어도 다시 여러 번 생각하는 편이다. ………………………………………( )( )

YES NO

112. 항상 다음 날에 무슨 일이 생기지 않을까 늘 불안하다. ( )( )
113. 반복적인 일은 정말 하기 싫다. ( )( )
114. 오늘 할 일을 내일로 미루어 본 적이 있다. ( )( )
115. 사람이 자신이 할 도리는 반드시 해야 한다고 생각한다. ( )( )
116. 갑작스럽게 발생한 일에도 유연하게 대처하는 편이다. ( )( )
117. 쇼핑을 하는 것을 좋아한다. ( )( )
118. 나 자신을 위해 무언가를 사는 일은 늘 즐겁다. ( )( )
119. 어려움이 닥치면 늘 그 원인부터 파악해야 한다. ( )( )
120. 돈이 없으면 외출을 하지 않는다. ( )( )
121. 한 가지 일에 매달리는 사람을 보면 한심하다. ( )( )
122. 주위 사람들에 비해 손재주가 있는 편이다. ( )( )
123. 규칙을 벗어나는 사람들을 보면 도와주고 싶지 않다. ( )( )
124. 세상은 규칙을 지키지 않는 사람들 때문에 망가지고 있다고 생각한다. ( )( )
125. 일부러 위험한 일에 끼어들지 않는다. ( )( )
126. 남들의 주목을 받고 싶다. ( )( )
127. 조금이라도 나쁜 소식을 들으면 절망적인 생각이 먼저 든다. ( )( )
128. 혼자 식당에 들어가서 밥을 먹어본 적이 없다. ( )( )
129. 승부근성이 매우 강하다. ( )( )
130. 지금까지 살면서 남에게 폐를 끼친 적이 없다. ( )( )
131. 다른 사람들이 귓속말을 하면 나의 험담을 하는 것이 아닌가라는 생각을 한다. ( )( )
132. 무슨 일이 생기면 항상 내 잘못이 아닌가라는 생각을 먼저 한다. ( )( )
133. 자존심이 매우 강해 남들의 원성을 산 적이 있다. ( )( )
134. 매우 예민하여 신경질적이라는 말을 들어본 적이 있다. ( )( )
135. 무슨 일이 생기면 늘 혼자 끙끙대며 고민하는 타입이다. ( )( )
136. 내 입장을 다른 사람들에게 말해 본 적이 없다. ( )( )
137. 다른 사람들을 '바보 같다'라고 생각해 본 적이 있다. ( )( )
138. 빨리 결정하고 빨리 일을 해야 하는 성격이다. ( )( )
139. 전자기계를 잘 다루는 편이다. ( )( )
140. 문제를 해결하기 위해 여러 사람들과 상의를 하는 편이다. ( )( )

YES NO

141. 나는 나만의 일처리 방식을 가지고 있다. ( )( )
142. 영화를 보면서 눈물을 흘린 적이 있다. ( )( )
143. 나는 한 번도 남에게 화를 낸 적이 없다. ( )( )
144. 유행을 따라하는 것보다 개성을 추구하는 것을 좋아한다. ( )( )
145. 쓸데없이 자존심이 강한 사람을 보면 불쌍한 생각이 든다. ( )( )
146. 한 번 사람을 의심하면 절대 풀어지지 않는다. ( )( )
147. 건강보다 일이 더 중요하다고 생각한다. ( )( )
148. 일을 하지 않는 사람은 먹을 자격도 없다고 생각한다. ( )( )
149. 성공을 하려면 반드시 남을 밟아야 한다고 생각한다. ( )( )
150. 인생의 목표는 클수록 좋다. ( )( )
151. 이중적인 사람은 정말 싫다. ( )( )
152. 과거의 일에 연연하는 사람은 정말 어리석다고 생각한다. ( )( )
153. 싫어하는 사람한테도 잘 대해주는 편이다. ( )( )
154. 좋고 싫음이 얼굴에 확연히 들어나는 편이다. ( )( )
155. 일을 하다고 혼자 중얼거리는 일이 많다. ( )( )
156. 한 번 시작한 일을 정확하게 끝내 본 적이 없다. ( )( )
157. 남들의 이야기를 들으면 비판적인 의견만 나온다. ( )( )
158. 감수성이 매우 풍부하다. ( )( )
159. 나는 적어도 하나 이상의 취미를 가지고 있다. ( )( )
160. '개천에서 용 난다.'는 말은 현실이 아니라고 생각한다. ( )( )
161. 뉴스를 보면 늘 한숨만 나온다. ( )( )
162. 비가 오는 날 일부러 비를 맞아본 일이 있다. ( )( )
163. 외모에 대해서 걱정을 해 본 적이 없다. ( )( )
164. 공격적인 성향의 사람을 보면 나도 공격적이 된다. ( )( )
165. 너무 신중해서 기회를 놓친 적이 있다. ( )( )
166. 세상에서 가장 중요한 것은 돈이라고 생각한다. ( )( )
167. 세상에서 가장 중요한 것은 건강이라고 생각한다. ( )( )
168. 세상에서 가장 중요한 것은 부모님이라고 생각한다. ( )( )
169. 야근을 해서 일을 끝내는 것은 비효율적이라 생각한다. ( )( )

YES NO

170. 신상품이 나오면 반드시 구입해야 한다. ....( )( )
171. 자유분방한 삶을 살고 싶다. ....( )( )
172. 영화나 드라마를 보다가 주인공의 감정에 쉽게 이입된다. ....( )( )
173. 조직에서 사안을 결정할 때 내 의견이 반영되면 행복하다. ....( )( )
174. 다른 사람들이 나를 어떻게 생각할까 걱정해 본 적이 있다. ....( )( )
175. 틀에 박힌 생각을 거부하는 편이다. ....( )( )
176. 가족들의 휴대전화 번호를 외우지 못한다. ....( )( )
177. 변화와 혁신을 추구하는 일이 좋다. ....( )( )
178. 환경이 변하는 것에 구애받지 않는다. ....( )( )
179. 사회생활에서는 인간관계가 제일 중요하다고 생각한다. ....( )( )
180. 나보다 나이가 많은 사람에게는 의지하는 편이다. ....( )( )
181. 부정적인 사람보다 낙천적인 사람이 성공할 거라 생각한다. ....( )( )
182. 자기 기분대로 행동하는 사람을 보면 화가 난다. ....( )( )
183. 버릇없이 행동하는 사람을 보면 그 부모의 잘못이라고 생각한다. ....( )( )
184. 융통성이 있는 편이 아니다. ....( )( )
185. 술자리에서 술을 마시지 않다고 흥이 난다. ....( )( )
186. 일주일 적어도 세 번 이상은 술자리를 갖는다. ....( )( )
187. 쉽게 무기력해지는 편이다. ....( )( )
188. 감격을 잘 하는 편이다. ....( )( )
189. 쉽게 뜨거워지고 쉽게 식는 편이다. ....( )( )
190. 나만의 세계에 살고 있다는 말을 자주 듣는다. ....( )( )
191. 말하는 것보다 듣는 것을 더 좋아한다. ....( )( )
192. 성격이 어둡다는 말을 들어본 적이 있다. ....( )( )
193. 누군가에게 얽매이는 것은 정말 싫다. ....( )( )
194. 한 번에 많은 일을 떠맡으면 심리적으로 너무 힘들다. ....( )( )
195. 즉흥적으로 행동하는 편이다. ....( )( )
196. 모든 일에 꼭 1등이 되어야 한다고 생각한다. ....( )( )
197. 건강을 관리하기 위해 약을 복용한다. ....( )( )
198. 한 번 단념한 일은 끝이라고 생각한다. ....( )( )

YES NO

199. 남들이 부러워하는 삶을 살고 싶다. ( )( )

200. 다른 사람들의 행동을 주의 깊게 관찰하는 편이다. ( )( )

201. 습관적으로 메모를 하는 편이다. ( )( )

202. 나는 통찰력이 강한 사람이다. ( )( )

203. 처음 보는 사람 앞에서는 말을 잘 하지 못한다. ( )( )

204. 누군가를 죽도록 사랑해 본 적이 있다. ( )( )

205. 선물은 가격보다 마음이라고 생각한다. ( )( )

206. 나의 주변은 항상 정리가 잘 되어 있다. ( )( )

207. 주변이 어지럽게 정리가 되어 있지 않으면 늘 불안하다. ( )( )

208. 나는 충분히 신뢰할 수 있는 사람이다. ( )( )

209. 나는 술을 마시면 반드시 노래방에 가야 한다. ( )( )

210. 나만이 할 수 있는 일이 있다고 생각한다. ( )( )

211. 나의 책상 위나 서랍은 늘 깔끔하다. ( )( )

212. 남의 이야기에 건성으로 대답해 본 적이 있다. ( )( )

213. 초조하면 손이 떨리고, 심장박동이 빨라진다. ( )( )

214. 다른 사람과 말싸움에서 한 번도 진 적이 없다. ( )( )

215. 일처리를 항상 깔끔하게 처리한다는 말을 자주 듣는다. ( )( )

216. 나는 나의 능력 이상의 일을 해낸다. ( )( )

217. 이 세상에 없는 새로운 세계가 존재할 것이라고 믿는다. ( )( )

218. 하기 싫은 일을 하게 되면 반드시 사고를 치게 된다. ( )( )

219. 다른 사람과 경쟁을 하면 늘 흥분이 된다. ( )( )

220. 나는 착한 사람보다는 성공한 사람으로 불리고 싶다. ( )( )

221. 나는 다른 사람들보다 뛰어난 능력을 가지고 있다고 생각한다. ( )( )

222. 주변 사람들을 잘 챙기는 편이다. ( )( )

223. 주어진 목표를 달성하기 위해서라면 불법도 저지를 수 있다. ( )( )

224. 나에게 주어진 기회를 한 번도 놓쳐본 적이 없다. ( )( )

225. 남들이 생각지도 못한 생각을 할 때가 많다. ( )( )

226. 모르는 것이 있으면 스스로 찾아서 해결한다. ( )( )

227. 한 번도 부모님에게 의지해 본 적이 없다. ( )( )

YES NO

228. 친구가 많은 편이다. ……………………………………………………( )( )
229. 남들보다 촉이 발달한 것 같다. ……………………………………………( )( )
230. 나의 예감은 한 번도 틀린 적이 없다. ………………………………………( )( )
231. 공상과학영화를 매우 좋아한다. ……………………………………………( )( )
232. 다른 사람들과 다툼이 발생해도 조율을 잘 하는 편이다. ……………………( )( )
233. 논리적인 원칙을 따져 가며 말하는 것을 좋아한다. …………………………( )( )
234. 질문을 받으면 충분히 생각하고 나서 대답하는 편이다. ……………………( )( )
235. 나는 단호하며 통솔력이 강하다. ……………………………………………( )( )
236. 남들에게 복잡한 문제도 나에게는 간단한 일이 될 때가 많다. ………………( )( )
237. 타인의 감정에 쉽게 동요되는 편이다. ………………………………………( )( )
238. 원리원칙을 중요시하여 남들과 대립할 때가 많다. …………………………( )( )
239. 나는 겸손한 사람이다. ………………………………………………………( )( )
240. 유머감각이 뛰어난 사람을 보면 늘 유쾌하다. ………………………………( )( )
241. 나는 나이에 비해 성숙한 편이다. ……………………………………………( )( )
242. 나는 철이 없다는 소릴 들어본 적이 많다. ……………………………………( )( )
243. 다른 사람의 의견이나 생각은 중요하지 않다. ………………………………( )( )
244. 쓸데없이 동정심이 많다는 소릴 자주 듣는다. ………………………………( )( )
245. 나는 지식에 대한 욕구가 강하다. ……………………………………………( )( )
246. 나는 조직 내 분위기 메이커이다. ……………………………………………( )( )
247. 자기 표현력이 강한 사람이다. ………………………………………………( )( )
248. 나는 조금이라도 손해를 보는 행동을 하지 않는 편이다. ……………………( )( )
249. 나는 불의를 보면 못 참는다. …………………………………………………( )( )
250. 나는 불이익을 당하면 못 참는다. ……………………………………………( )( )
251. 위기의 상황에서 나는 순간 대처능력이 강하다. ………………………………( )( )
252. 새로운 것보다는 검증되고 안전한 것을 선택하는 경향이 강하다. ……………( )( )
253. 항상 상황에 정면으로 맞서서 도전하는 것을 즐긴다. ………………………( )( )
254. 약자를 괴롭히는 사람들 보면 참을 수 없다. …………………………………( )( )
255. 강자에게 아부하는 사람을 보면 참을 수 없다. ………………………………( )( )
256. 머리는 좋은데 노력을 안 한다는 소릴 들어본 적이 있다. ……………………( )( )

	YES	NO
257. 권위나 예의를 따지는 것보다 격의 없이 지내는 것이 좋다.	( )	( )
258. 이해력이 빠른 편이다.	( )	( )
259. 다른 사람에게 좋은 인상을 주기 위해 이미지에 많이 신경을 쓰는 편이다.	( )	( )
260. 나는 공사구분이 확실한 편이다.	( )	( )
261. 나는 무슨 일이든 미리미리 준비를 하는 편이다.	( )	( )
262. 나는 모든 분야에 전문가적인 수준의 지식과 식견을 가지고 있다.	( )	( )
263. 대를 위해 소를 희생하는 것은 당연하다고 생각한다.	( )	( )
264. 나는 이해심이 넓은 편이다.	( )	( )
265. 나는 객관적이고 공정한 사람이다.	( )	( )
266. 피곤하더라도 웃으면서 행동하는 편이다.	( )	( )
267. 다른 사람들의 부탁을 쉽게 거절하지 못하는 편이다.	( )	( )
268. 아직 일어나지도 않은 일에 대처하는 편이다.	( )	( )
269. 다른 동료보다 돋보이는 사람이 되고자 노력한다.	( )	( )
270. 상사가 지시하는 일은 무조건 복종해야 한다고 생각한다.	( )	( )
271. 다른 사람을 쉽게 믿는 편이다.	( )	( )
272. 세상은 아직 살만하다고 생각한다.	( )	( )
273. 낯가림이 심한 편이다.	( )	( )
274. 일주일에 월요일은 항상 피곤하다.	( )	( )
275. 사람들이 붐비는 장소에는 가지 않는다.	( )	( )
276. 악몽을 자주 꾸는 편이다.	( )	( )
277. 나는 귀신을 본 적이 있다.	( )	( )
278. 나는 사후세계가 있다고 믿는다.	( )	( )
279. 다른 사람들의 대화에 끼어드는 걸 좋아한다.	( )	( )
280. 정치인들은 모두 이기적이라고 생각한다.	( )	( )
281. 나의 노후에 대해 생각해 본 적이 없다.	( )	( )
282. 나의 노후생활에 대한 대비책을 준비하고 있다.	( )	( )
283. 누군가 나에 대해 험담을 하면 참을 수 없다.	( )	( )
284. 밤길을 혼자 걸으면 늘 불안하다.	( )	( )
285. 나는 유치한 사람이 싫다.	( )	( )

YES NO

286. 잡담을 하는 것보다 독서를 하는 것이 낫다고 생각한다. ··························( )( )
287. 나는 태어나서 한 번도 병원에 간 적이 없다. ··························( )( )
288. 나의 건강상태를 잘 파악하는 편이다. ··························( )( )
289. 쉽게 무기력해지는 편이다. ··························( )( )
290. 나는 매사 적극적으로 행동하려고 노력한다. ··························( )( )
291. 나는 한 번도 불만을 가져본 적이 없다. ··························( )( )
292. 밤에 잠을 잘 못잘 때가 많다. ··························( )( )
293. 나는 늙어서 나의 인생에 대한 자서전을 쓸 것이다. ··························( )( )
294. 사람들과 대화를 하다보면 무심코 평론가가 되어 있다. ··························( )( )
295. 다른 사람들의 마음을 쉽게 이해하지 못한다. ··························( )( )
296. 과감하게 도전하는 것을 즐긴다. ··························( )( )
297. 예상치 못한 질문을 받으면 나도 모르게 얼굴이 빨개진다. ··························( )( )
298. 나도 모르게 흥분해서 욕이 튀어나온 적이 있다. ··························( )( )
299. 나는 지금까지 한 번도 누군가를 욕해 본 일이 없다. ··························( )( )
300. 지금까지 한 번도 부모님을 원망해 본 적이 없다. ··························( )( )
301. 리더십이 있는 사람이 되고 싶다. ··························( )( )
302. 다른 사람들이 이끌 수 있는 카리스마가 나에게는 없는 것 같다. ··························( )( )
303. 그때그때의 기분에 따라 결정한 경우가 많다. ··························( )( )
304. 말을 해 놓고 지키지 못한 경우가 많다. ··························( )( )
305. 말과 행동이 다른 편이다. ··························( )( )
306. 마음에도 없는 말을 상대방에게 해 본적이 있다. ··························( )( )
307. 주변 사람들에게 근심을 털어 놓은 적이 없다. ··························( )( )
308. 부정적으로 말하는 편이다. ··························( )( )
309. 가치의 기준은 항상 자신에게 있다고 생각한다. ··························( )( )
310. 인생은 앞날을 알 수 없어 즐거운 것이라 생각한다. ··························( )( )
311. 누군가가 죽었으면 하고 생각해 본 적이 있다. ··························( )( )
312. 나는 종교에 얽매이는 사람이 싫다. ··························( )( )
313. 종교인은 직업이 아니라고 생각한다. ··························( )( )
314. 사람을 발전적이어야 한다고 생각한다. ··························( )( )

YES NO

315. 모르는 것이 있어도 남들에게 물어보지 않는다. ………………………………( )( )
316. 이론만 내세우는 사람을 보면 짜증이 난다. ………………………………( )( )
317. 상처를 주는 것도 받는 것도 싫다. ………………………………( )( )
318. 아침부터 아무 것도 하기 싫을 때가 있다. ………………………………( )( )
319. 지각을 하면 차라리 결석을 하고 싶다. ………………………………( )( )
320. 외계인이 있다고 믿는다. ………………………………( )( )
321. 돈을 허비한 적이 한 번도 없다. ………………………………( )( )
322. 비가 오는 날에는 외출을 하기가 싫다. ………………………………( )( )
323. 아무리 몸이 아파도 병원에 가지 않는다. ………………………………( )( )
324. 뒤숭숭한 꿈을 꾸면 하루 종일 신경이 쓰여 일을 잘 못한다. ………………………………( )( )
325. 매주 복권을 산다. ………………………………( )( )
326. 계획 없이 훌쩍 떠나고 싶을 때가 많다. ………………………………( )( )
327. 입이 무거운 편이다. ………………………………( )( )
328. 나를 싫어하는 사람은 아무도 없다. ………………………………( )( )
329. 지구가 멸망하지 않을까 걱정을 한다. ………………………………( )( )
330. 전쟁이 나면 모두가 죽을 거라고 생각한다. ………………………………( )( )
331. 설마 내가 조울증에 걸렸나 라고 생각해 본 적이 있다. ………………………………( )( )
332. 이혼이 걱정되어 결혼을 생각하지 않는다. ………………………………( )( )
333. 일탈을 꿈꿔본 적이 있다. ………………………………( )( )
334. 외로움을 잘 탄다. ………………………………( )( )
335. 미련이 많은 편이다. ………………………………( )( )
336. 모임에 참석하는 것을 즐기지 않는다. ………………………………( )( )
337. 모든 일에 불평이 많은 편이다. ………………………………( )( )
338. 소극적인 성격을 가지고 있다. ………………………………( )( )